优质银耳高产栽培新技术

主 编

李 昊

编著者

潘崇环　吴百昌　李兴旺

刘政学　周建设

金盾出版社

内容提要

　　本书全面系统地讲解了银耳的最新高产栽培与加工技术,包括:银耳概述,银耳的生物学特性,银耳无公害生产的要求,银耳的生产设备,银耳各类优质高产栽培法,新技术、新方法及关键技术综述,银耳的病虫害防治,银耳产品的初级加工,银耳产品的精深加工,银耳产品的质量标准和质量鉴别等。本书所述各类优质银耳的高产栽培新模式等内容具有代表性、先进性、实用性和普遍性等特点,可供不同地区、不同条件的读者参考。同时,本书注重市场调研和经营指导,适合种植者、一线科技人员,以及农林院校等相关专业师生阅读参考。

图书在版编目(CIP)数据

优质银耳高产栽培新技术/李昊主编 . —北京:金盾出版社,
2014.12
　　ISBN 978-7-5082-9729-3

　　Ⅰ.①优… Ⅱ.①李… Ⅲ.①银耳—栽培技术 Ⅳ.①
S567.3

中国版本图书馆 CIP 数据核字(2014)第 237037 号

金盾出版社出版、总发行

北京太平路 5 号(地铁万寿路站往南)
邮政编码:100036 电话:68214039 83219215
传真:68276683 网址:www.jdcbs.cn
封面印刷:北京凌奇印刷有限责任公司
正文印刷:北京华正印刷有限公司
装订:北京华正印刷有限公司
各地新华书店经销
开本:850×1168 1/32 印张:8 字数:201 千字
2014 年 12 月第 1 版第 1 次印刷
印数:1~4 000 册 定价:19.00 元
(凡购买金盾出版社的图书,如有缺页、
倒页、脱页者,本社发行部负责调换)

目　　录

第一章　银耳概述

一、分类与分布

银耳,拉丁名为 *Tremella fuciformis* Berk.,又名白木耳、白耳子、雪耳、川耳等。以其色白如银,形似人耳而得名,是一种珍贵的食药两用真菌。在植物分类学上,银耳隶属于真菌门,担子菌纲,有隔担子菌亚纲,银耳目,银耳科,银耳属。野生银耳主要分布于亚热带,也分布于热带、温带和寒带。除了中国以外,日本、菲律宾、泰国、印度、澳大利亚、南非、西非、智利、巴西、美国等国家和地区都有野生分布。在国内,野生银耳主要分布在四川、云南、贵州、福建、江西、山西、内蒙古、陕西、湖南、湖北、安徽、江苏、浙江、广西、广东、台湾等省(自治区、直辖市)。银耳属在全球约有 60 多个种,自然分布于世界各地。我国就有 10 多种,除银耳外,还有橙耳、茶耳、血耳、金耳等,均为银耳的近缘种。

二、经济价值

银耳是极著名的"山珍"之一,我国食用银耳(野生)已有 2 000 多年的历史。自古以来,我国人民就一直把银耳作为一种健身的滋补食品和宴席上的名贵佳肴。

银耳营养丰富。据分析,每 100 克干银耳内约含蛋白质 10 克,脂肪 2 克,碳水化合物 68 克,粗纤维 2.6 克,热量 1 390 千焦(即 332 千卡),钙 420 毫克,磷 250 毫克,铁 30.4 毫克,以及其他有益矿质元素和多种维生素。在其蛋白质中含有 20 种氨基酸,其中人体必需的 8 种氨基酸全都具备。在银耳所含的氨基酸中,色氨酸的含量很高,特别是在段木栽培的银耳中,色氨酸的含量可达 1.16%。但色氨酸这种人体必需的氨基酸在体内不能合成,需要从食物中获取,而银耳中的色氨酸含量很高,所以银耳对平衡人体营养也具有极为重要的作用。

银耳不仅是餐桌上的美味佳肴,也是我国医药宝库中的治病良药。中医学认为,银耳性平、味甘、无毒,具有滋阴补肾、润肺止咳、和胃润肠、生津降火、益气活血、补脑提神、强心壮体、嫩肤美容、延年益寿等医疗保健功能。据《中国药学大辞典》记载,银耳入肺、脾、胃、肾、大肠五经,能清肺中热,养胃阴,治肾燥。主治肺热咳嗽、肺燥干咳、久咳喉痒、咳痰带血、痰中血丝、久咳络伤肋痛、慢性支气管炎、肺痈、肺源性心脏病(即肺心病)、肺痿、慢性肾炎、高血压、血管硬化、妇女产后虚弱、月经失调、慢性胃炎、大便秘结、小便出血、病后体虚、神经衰弱等症。

现代医药学研究进一步证实,银耳中的氨基酸、酸性异多糖(银耳多糖的重要成分)、有机磷、有机铁等化合物对人体都是十分有益的。特别是酸性异多糖,能提高人体的免疫力,有扶正固本作用;对老年慢性支气管炎、肺源性心脏病等有显著疗效;能提高肝脏的解毒能力,可起护肝作用;能提高机体对原子能辐射的防护能力,对实验动物的移植性肿瘤也有一定的抑制作用。另外,银耳中的类阿拉伯树脂胶,可润泽肌肤,对皮肤角质有良好的滋养保护和延缓衰老的作用。常食银耳,可使皮肤白皙细嫩、柔软而富有弹性,因此银耳也是一种高级天然美容品。

三、生产现状

我国人工栽培银耳,始于 200 多年前,是世界上栽培银耳最早的国家。但长期以来,银耳生产采用的均是靠天然孢子接种的半野生、半人工段木栽培方式。直到 20 世纪 70 年代之后,在银耳栽培技术方面成功研究出了代料栽培法,此法大大拓宽了银耳生产的原料空间,并使栽培成本大为降低,银耳的单产也得到了大幅度的提高。

发展到现在,银耳代料栽培的产量已占国内银耳总产量的 80%以上。如今,银耳的栽培几乎遍及全国各地,主要产区在福建、四川、河南、山东、云南、贵州、广东、广西、浙江、江苏等省(自治区、直辖市)。其中以福建古田县、四川通江县、河南卢氏县、山东梁山县等地的栽培规模较大,尤其以福建古田县产量最多,占全国银耳总产量的 80%以上,因此享有"银耳之乡"的美称。我国是银耳主产国,多年前我国的银耳产量就已是世界第一,现在我国年产银耳鲜品 30 万吨左右(即干品 3 万吨左右),已占全球银耳总产量的 95%以上。产品除在我国销售外,还出口到东南亚、日本、美国等 20 多个国家和地区,在国内外市场上享有很高声誉。在世界上,除我国以外,日本、巴西、美国、西印度群岛等国家和地区也有银耳栽培,但产量和规模均较小。

四、发展前景

银耳生产的优势,主要包括以下几个方面。

第一,原料来源广,成本低。银耳的栽培,可以分为代料栽培和段木栽培两种形式,目前以代料栽培为主,段木栽培只在木材资源丰富的地区进行。为保护森林资源,段木栽培主要是利用秋、冬、春 3 季伐树、整修下来的树枝作原料,在室内或室外进行栽培;代料栽培则可利用棉籽壳、杂木屑、玉米芯粉、大豆秸粉、棉秆粉、花生秧粉、甘蔗渣等农林副业的下脚料进行栽培。这些栽培原料,来源广泛,数量众多,成本低廉。原料在变废为宝、增值增收的同时,又可净化环境,栽培后的废菌料还可作为肥料、燃料以及其他食用菌的栽培料等,可以说是一举多得。

第二,生产周期短,见效快。和其他食药用菌相比,银耳的生产周期是较短的。采用段木栽培银耳,从播种到采收,约需 2 个月时间。而代料栽培的生产周期更短,从播种到采收,只需 35～43天。按照新法栽培,每批栽培只采收 1 潮,整个生产周期只需35～43 天;若按照传统方法栽培,每批栽培采收 2 潮,则整个生产周期需 60 天左右;而且代料栽培的银耳,产量高,质量亦较好。经济收益的计算,以代料栽培为例,其投入产出比一般为 1∶2～3 甚至更高,即栽培者每投资 1 元,1 个生产周期结束后,可以收入 2～3 元甚至更高。再以代料栽培、每批采收 2 潮银耳为例,1 户农家,利用 30 米^2 的房子 2 间,进行床架式立体栽培,1 次可栽培约5 000 袋,投干料 3 000 千克左右。每 100 千克干料可收银耳干品15～20 千克,从接种到全部采收结束需 60 天左右,一批下来,可得银耳干品 450～600 千克;以市场平均收购价每千克干银耳 40元计算,一批栽培的银耳产值就是 18 000～24 000 元,除去 6 000元左右的平均总成本,一批栽培的银耳纯收入就是 12 000～18 000 元。仅利用春、秋两季自然气候栽培,1 年就可栽培 4 批,共可创利 48 000 元以上。

第三,市场销路广,效益稳。我国是银耳生产大国和出口大国,银耳作为我国传统食药用菌,多年来在国内外市场上一直畅销不衰。但是,以前银耳的产量低、数量少、价格昂贵,在国内市场上一般人不敢问津。近年来,随着银耳栽培技术的发展,银耳的产量大增,其价格已降到一般人可以消费得起的水平,银耳已从过去的宫廷贡品走向了大众餐桌。随着国内外消费水平的不断提高,银耳的内销量和出口量都在逐年增加。同时,栽培银耳,不占用农田,不争主要劳动力;而且其生产工艺不复杂,栽培技术比较成熟,受灾害性天气的影响小,经济效益较稳定。

从以上分析可知,银耳产业具有较广阔的发展前景。各地根据当地的资源优势和气候条件,结合市场需求,适时适度地发展银耳产业,将给银耳栽培者带来可观的经济收益。

第二章 银耳的生物学特性

一、形态特征

在银耳的整个生长过程（即生活史）中,有子实体、孢子、菌丝体3种形态。

(一)子实体

子实体就是人们食用的部分,它是由已经组织化的菌丝体形成的具有产孢结构的特化器官(图2-1)。人们通常所称的银耳,就是指其子实体。银耳子实体无菌盖、菌褶、菌柄之分,丛生或单生,叶状。银耳新鲜时或干品吸水后呈柔软、胶质状,白色或略带黄色,半透明,表面光滑,富有弹性,由许多薄而波卷状褶的瓣片(耳片)丛集成牡丹花状、菊花状或鸡冠状等,直径5~16厘米或更

图2-1 银耳子实体形态

大。瓣片不分叉或顶部分叉,基蒂部黄色至淡橘黄色。成熟子实体的瓣片可分为 3 层,上下 2 个表面为子实层,中间为疏松中层。子实层由担子、担孢子和侧丝等组成。瓣片干时收缩成角质,硬而脆,白色或米黄色,基蒂部常为黄褐色。干品吸水后又能恢复原状。成熟子实体的瓣片表面,有一层白色或米黄色的粉末,即为担孢子。担孢子呈卵圆状,大小为 5～7 微米×4～6 微米。

(二)孢　子

银耳孢子包括担孢子、节孢子、疣状孢子等,这几种所谓的孢子在概念和实质上是有区别的。银耳子实体成熟后,首先产生担子,担子再产生有性孢子——担孢子;节孢子是由银耳菌丝细胞断裂形成的无性孢子;而疣状孢子,则是指在银耳子实体表面的管状菌丝上所产生的单生孢子,该孢子的体积和担孢子或酵母状分生孢子相近,但是其孢壁为疣状纹,明显地区别于孢壁平滑的担孢子或酵母状分生孢子,故称为“疣状孢子”。在马铃薯葡萄糖琼脂培养基(PDA)上,由担孢子芽殖而产生的酵母状分生孢子(又叫芽孢子,简称为芽孢)菌落,初为乳白色,半透明,黏糊状,边缘整齐,表面光滑;随着培养时间的延长,其菌落不断扩展和增厚,从乳白色半透明,变成淡黄色不透明直至土黄色。

(三)菌　丝

银耳菌丝是多细胞分枝分隔的丝状体,由担孢子、孢子萌发,或由菌丝无性繁殖而成。菌丝呈灰白色,极细,能在木材或各种代用料培养基上蔓延生长,吸收和输送养分,并在适宜的环境条件下形成子实体。菌丝又分为单核菌丝、双核菌丝和结实性双核菌丝等。单核菌丝每个细胞中含 1 枚细胞核,双核菌丝每个细胞中含 2 枚细胞核,结实性双核菌丝可产生子实体并易胶质化。

二、生活史

担孢子芽殖产生酵母状分生孢子是银耳属的特征。一般情况下,银耳担孢子很难直接萌发为菌丝,担孢子通常先芽殖成酵母状分生孢子(芽孢),或产生次生担孢子,然后酵母状分生孢子或次生担孢子再萌发为菌丝。总而言之,银耳的生活史是比较复杂的,它包含两个有性生活周期和若干个无性生活周期。通常情况下,银耳菌丝需要有一种被称为"香灰菌"的菌丝伴生,才能完成它的生活史。

(一)有性繁殖

银耳是一种四极性真菌。在适宜条件下,下述两种情况,完成一个完整的生活周期,均需要 45～60 天。简言之,银耳的有性生活史就是:担孢子(或孢子)→菌丝→子实体→担孢子(或孢子),这样周而复始,循环不已。

第一类有性生活史:此类型比较常见,即子实体成熟后,在每1 个担子上产生 4 个担孢子,每个担孢子都具有不同的极性。在适宜的条件下,每个担孢子萌发成单核菌丝,邻近的两个可亲和的异极性的单核菌丝,经过质配,形成具有锁状联合的双核菌丝。双核菌丝生长发育达到生理成熟时,在基质表面的菌丝扭结成"白毛团",经过胶质化形成银耳原基。原基在适宜的条件下,不断长大、分枝,最后长成银耳子实体。子实体成熟后又形成担孢子,即完成了一个生活史周期。

第二类有性生活史:在银耳子实体表面的管状菌丝上也可以产生一种单生孢子,即"疣状孢子"。该孢子在适宜的条件下也可以直接萌发为二次菌丝,然后再按照前述的方式完成其生活史。

(二)无性繁殖

在一定条件下,银耳担孢子会产生大量的次生担孢子,或反复芽殖,产生大量的酵母状分生孢子。条件适宜时,次生担孢子或酵母状分生孢子都能萌发成单核菌丝,并按前述的方式完成其生活史。

此外,无论单核菌丝或双核菌丝,若受到不良环境条件的刺激,如受热(接种针未冷却)、搅动(接种时用力搅拌)、浸水(培养基表面有游离水)等,都可以断裂成节孢子(其形状也类似于酵母状分生孢子)。待条件好转之后,节孢子也会萌发成单核菌丝或双核菌丝,并按前述的方式继续完成它的生活史。

将以上银耳的有性繁殖和无性繁殖的生活史概括起来,可用图 2-2 表示。

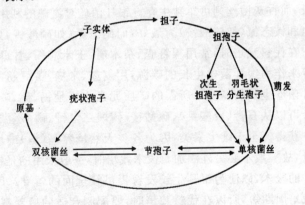

图 2-2　银耳的生活史

三、生长条件

银耳是一种生长周期较短的木腐菌、胶质菌。在其生长过程中,它需要与一种被称为"香灰菌"(亦称"羽毛状菌丝"或"耳友菌丝")的子囊菌伴生在一起,借助于香灰菌丝分解培养基(料)中的养分,将银耳菌丝无法直接利用的材料,变成其可利用的营养成分,供其吸收利用,才能完成它的生长和发育。在生长发育过程中,它们对外界环境各有一定的要求。

(一)营 养

银耳生长发育所需的营养物质有碳源、氮源、矿质元素和维生素等。银耳菌丝能直接利用简单的碳水化合物,如葡萄糖、蔗糖、半乳糖、麦芽糖、甘露糖、木糖、纤维二糖等,但银耳菌丝分解纤维素、半纤维素、木质素和淀粉的能力很弱,不能直接利用这些大分子化合物。只有通过香灰菌丝先将基质中的大分子化合物分解为简单的小分子化合物,银耳菌丝才能利用。银耳离开香灰菌丝无法生长,而香灰菌丝则可单独生存。银耳菌丝对氮源的利用,以有机态氮和铵态氮(如硫酸铵)为最好,而硝态氮(如硝酸钾)则难以利用。在代料栽培时,常用棉籽壳、杂木屑、玉米芯粉、甘蔗渣、棉秆粉等来作为银耳菌丝生长的碳源,用麦麸、米糠、黄豆粉等来作为银耳菌丝生长的氮源。所需的矿质元素主要是钙、硫、磷等,这些养分可以从石膏(硫酸钙)、硫酸镁、磷酸二氢钾、磷酸氢二钾等物质中获得。至于维生素类,因为各类天然培养基(料)中均有一定含量,故一般不必另外添加。段木栽培时,一般采用的是银耳适生树种的段木,以便为银耳生长发育提供较全面的营养。因为银耳的栽培周期短,所以在代料栽培时,要配制合适的培养料,并选用适宜规格(如折径 12 厘米×长 50~55 厘米等规格)的塑料袋;段木栽培则要选用边材发达、木质松软、口径较小的树干、树枝作耳木,以免造成浪费。

(二)温 度

银耳是一种中温型的真菌,但有很强的耐寒能力。其孢子(芽孢)在 15℃～32℃条件下均能发育成菌丝,最适温度为 20℃～25℃。芽孢的抗寒能力较强,在 2℃～3℃条件下保存 5 年仍具有活力;在 0℃时 2 小时,不会失去发芽力,但超过 39℃则会死亡。菌丝生长温度为 8℃～34℃,适温为 20℃～28℃,最适温度为 22℃～25℃;30℃以上生长缓慢,且易产生酵母状分生孢子;35℃以上则停止生长。菌丝能耐低温,3℃～5℃可微弱生长,2℃以下停止生长,在 0℃也不会死亡。子实体分化发育的温度为 16℃～28℃,以 20℃～26℃为最适;超过 28℃,生长快,耳片薄,易腐烂,质量差,产量低。在适温范围内,温度偏低,子实体发育虽较缓慢,但肉厚质佳,朵型好,干重率高。

香灰菌(耳友菌)菌丝生长的适宜温度为 22℃～26℃,分解木质素、纤维素等成分时以 22℃左右为最适。在 30℃条件下,虽生长速度快,但分解大分子化合物的速度反而比 22℃条件下缓慢。

(三)水分及湿度

这里所说的水分,是指银耳培养基(料)的含水量,而湿度则是指银耳生长环境中的空气相对湿度。代料栽培时,培养料的含水量以 58%～64%为好。段木栽培时,发菌期段木的含水量以 35%～40%为宜;子实体发生时,段木木质部的含水量以 42%～47%为宜,树皮的含水量要达到 44%～50%。无论是代料栽培还是段木栽培,在发菌阶段,空气相对湿度均以 70%左右为宜;而在子实体生长阶段,空气相对湿度均应保持在 80%～95%。银耳菌丝抗干旱的能力较强,长期干旱也不会死亡,但香灰菌丝不耐干旱,需在潮湿条件下生长,长期在干燥环境中易死亡。

表 2-1 为培养基(料)加水量表,表 2-2 为空气相对湿度对照表,供参考。

表 2-1 培养基(料)加水量表

要求达到的含水量(%)	100 千克干料应加入的水(升)	料水比(料：水)	要求达到的含水量(%)	100 千克干料应加入的水(升)	料水比(料：水)
50.0	74.0	1：0.74	58.0	107.1	1：1.07
50.5	75.8	1：0.76	58.5	109.6	1：1.10
51.0	77.6	1：0.78	59.0	112.2	1：1.12
51.5	79.4	1：0.79	59.5	114.8	1：1.15
52.0	81.3	1：0.81	60.0	117.5	1：1.18
52.5	83.2	1：0.83	60.5	120.3	1：1.20
53.0	85.1	1：0.85	61.0	123.1	1：1.23
53.5	87.1	1：0.87	61.5	126.0	1：1.26
54.0	89.1	1：0.89	62.0	128.9	1：1.29
54.5	91.2	1：0.91	62.5	132.0	1：1.32
55.0	93.3	1：0.93	63.0	135.1	1：1.35
55.5	95.5	1：0.96	63.5	138.4	1：1.38
56.0	97.7	1：0.98	64.0	141.7	1：1.42
56.5	100.0	1：1.00	64.5	145.1	1：1.45
57.0	102.3	1：1.02	65.0	148.6	1：1.49
57.5	104.7	1：1.05	65.5	152.2	1：1.52

注：1. 培养料加水量和含水量的计算公式是：

(1)每 100 千克干料应加水量(升)＝(含水量－培养料结合水)÷(1－含水量)×100%。

(2)含水量＝(加水量＋培养料结合水)÷(培养料重量＋加水量)×100%。

2. 一般风干(或晒干)培养料含结合水(又叫固有含水率或固有含水量)在10%～13%。表中数据是按照风干(或晒干)培养料含结合水 13% 计算出来的结果。

表2-2　空气相对湿度对照表

干球温度－湿球温度(℃) 相对湿度(%) 干球温度(℃)	0.5	1.0	1.5	2.0	2.5	3.0	3.5	4.0	4.5	5.0	5.5	6.0	6.5	7.0	7.5	8.0
42	97	94	91	88	85	82	80	77	74	72	69	67	64	62	59	57
41	97	94	91	88	85	82	79	77	74	71	69	66	64	61	59	56
40	97	94	91	88	85	82	79	76	73	71	68	66	63	61	58	56
39	97	94	91	87	84	82	79	76	73	70	68	65	63	60	58	55
38	97	94	90	87	84	81	78	75	73	70	67	64	62	59	57	54
37	97	93	90	87	84	81	78	75	72	69	67	64	61	59	56	53
36	97	93	90	87	84	81	78	75	72	69	66	63	61	58	55	53
35	97	93	90	87	83	80	77	74	71	68	65	63	60	57	55	52
34	96	93	90	86	83	80	77	74	71	68	65	62	59	56	54	51
33	96	93	89	86	83	80	76	73	70	67	64	61	58	54	53	50
32	96	93	89	86	83	79	76	73	70	66	64	61	58	55	52	49
31	96	93	89	86	82	79	75	72	69	66	63	60	57	54	51	48
30	96	92	89	85	82	78	75	72	68	65	62	59	56	53	50	47
29	96	92	89	85	81	78	74	71	68	64	61	58	55	52	49	46
28	96	92	88	85	81	77	74	70	67	64	60	57	54	51	48	45
27	96	92	88	84	81	77	73	70	66	63	60	56	53	50	47	43
26	96	92	88	84	80	76	73	69	66	62	59	55	52	48	46	42
25	96	92	88	84	80	76	72	68	64	61	58	54	51	47	44	41

续表 2-2

相对湿度(%) 干球温度(℃)＼干球温度－湿球温度(℃)	0.5	1.0	1.5	2.0	2.5	3.0	3.5	4.0	4.5	5.0	5.5	6.0	6.5	7.0	7.5	8.0
24	96	91	87	83	79	75	71	68	64	60	57	53	50	46	43	39
23	96	91	87	83	79	75	71	67	63	59	56	52	48	45	41	38
22	95	91	87	82	78	74	70	66	62	58	54	50	47	43	40	36
21	95	91	86	82	78	73	69	65	61	57	53	49	45	42	38	34
20	95	91	86	81	77	73	68	64	60	56	52	48	44	40	36	32
19	95	90	86	81	76	72	67	63	59	54	50	46	42	38	34	30
18	95	90	85	80	76	71	66	62	58	53	49	44	41	36	32	28
17	95	90	85	80	75	70	65	61	56	51	47	43	39	34	30	26
16	95	89	84	79	74	69	64	59	55	50	46	41	37	32	28	23
15	94	89	84	78	73	68	63	58	53	48	44	39	35	30	26	21
14	94	89	83	78	72	67	62	57	52	46	42	37	32	27	23	18
13	94	88	83	77	71	66	61	55	50	45	40	34	30	25	20	15
12	94	88	82	76	70	65	59	53	47	43	38	32	27	22	17	12
11	94	87	81	75	69	63	58	52	46	40	36	29	25	19	14	8
10	93	87	81	74	68	62	56	50	44	38	33	27	22	16	11	5

注:表列温、湿度关系是在 1 个标准大气压(101.33 千帕或 760 毫米汞柱)条件下的数据。

(四)酸碱度(pH 值)

银耳为喜偏酸性培养基质的菌类,其孢子萌发和菌丝生长适宜的 pH 值为 5.2～7.2,但以 pH 值 5.2～6 为最宜。无论是制种或者是栽培,在配制培养基(料)时,可掌握 pH 值在 6.2～7,培养基经过灭菌后,其 pH 值会降低,正好适合银耳菌丝的生长。

测定培养基(料)的酸碱度,常用的方法是测定其 pH 值。pH 值的测定,可用市售的 pH 试纸进行,也可用"酸度计"(又叫"pH 计")等进行测定。

采用 pH 试纸测定时,如果是测定溶液的 pH 值,可取一条 pH 试纸,将待测溶液滴到试纸上,然后与标准比色卡对照,颜色相同即可表示为该值;如果是测定培养基(料)中的 pH 值,可将 pH 试纸放入培养基(料)中,将湿料压在上面至试纸潮湿,然后再对照标准比色卡即可确定。在测定时要注意,培养基(料)要拌均匀,接触 pH 试纸时双手要干燥,以免测量失误。

如果测定值偏酸,试管斜面培养基溶液可加 3‰氢氧化钠溶液等进行调整,原种、栽培种培养基以及栽培料可加生石灰粉(或生石灰水)等进行调整;如果测定值偏碱,试管斜面培养基溶液可加 3‰盐酸溶液等进行调整,而原种、栽培种培养基以及栽培料则可加过磷酸钙等进行调整。

实际生产中,在设计银耳的各级菌种培养基配方以及各类栽培料配方的时候,都已经考虑到了银耳菌丝适宜 pH 值的问题。也就是说,采用各类常用的银耳制种及栽培原料配方,所制作的培养基(料),其自然 pH 值多在 6.2～7,经过灭菌后 pH 值要降低 1左右,基本可达到银耳菌丝生长所需的培养(基)料最佳 pH 值,故大多数情况下,不需特意调整培养(基)料的 pH 值。

(五)空气(氧气)

银耳菌和香灰菌都是好气性(即好氧性)菌类,在其整个生长发育过程中需要有充足的氧气。在菌丝体生长阶段,对氧气的要求随着菌丝体生长量的增加而增加;子实体发育期间,呼吸作用旺盛,对氧气的需要量也随子实体的长大而增多,因此栽培场所应保持良好的通风透气状态。如果处于通风不良或闷湿的条件下,则子实体色黄,不易展片,甚至造成烂耳和杂菌滋生。

(六)光 照

银耳菌丝和香灰菌丝均为喜光性菌类。在菌丝生长阶段,需要少量的散射光线,光照强度以5~50勒为宜,可更好地促进银耳菌丝和香灰菌丝的生长发育。在子实体分化发育阶段,则需要较强的散射光,室内栽时,以100~500勒的光照强度较宜,室外栽培要选择"三阳七阴"的耳场为好。在较暗的条件下,银耳子实体分化缓慢,耳片偏黄;在完全黑暗的条件下,则子实体不发生;但强烈的直射光照射,也将对银耳子实体的分化和发育带来极为不利的影响。

光照强度是用来表示光照量的大小的,其计量单位是勒克斯,简称勒。光照度可凭经验估算,也可用照度计直接测量。以下是一些环境中的光照强度的经验值,可供判断照度值时参考:阴天室内的照度为5~50勒;阴天室外的照度为50~500勒;晴天采光良好的室内照度为100~2 000勒;晴天背阴处的照度为1 000~10 000勒;夏季中午太阳光下的照度为20 000~100 000勒;阅读书刊时所需的照度为50~100勒;电视机荧光屏的照度为60~150勒;家用摄像机的标准照度为1 400勒;在40瓦的白炽灯下1米远处的照度约为30勒;1盏40瓦的日光灯,当距离为5、10、20、50、100厘米时,照度分别为3 500、1 800、1 400、600、280勒。晴朗月夜的照度约为 0.21 勒；黑夜的照度约为 0.001 勒。

有关照度与灯光容量的对照可参考附录一。

另需说明，在对银耳等食用菌实施光照管理时，不是日夜不停地照射。一天 24 小时，只需白天利用自然光等照射 10～16 小时即可（若栽培场地光线不足，可辅助以适量的人工光照），夜里仍保持黑暗状态。这与农作物的自然生长规律是类似的。

以上六大因素，不是孤立存在的。在栽培过程中，必须采取有效措施，创造适宜于银耳生长发育的各项条件，才能保证银耳的健壮生长，实现优质、高产、高效的目的。

第三章　银耳无公害生产的要求

银耳的无公害生产,包括制种、栽培和产品的加工等环节。要想生产出优质的无公害产品,就必须实行"从田间到餐桌"的全程质量控制,从生产场地选择到生产原料选用、品种选育、栽培、加工、贮存、运输及销售等全过程,都要遵循无害化原则。其基本宗旨是:在整个生产、加工和销售过程中,把对人体健康有毒、有害的物质——农药残留、重金属、激素和有害生物(病原体)等,严格控制在国家或行业强制性标准和国际有关组织[世界卫生组织(WHO)、联合国粮农组织(FAO)]规定的安全限量指标以下,为广大消费者提供符合卫生质量标准的银耳产品。同时,其生产过程对生态环境建设不可产生负面效应,并且生产过程中的投入品和农艺、工艺措施等,要有利于生态农业的可持续发展。

一、农产品质量安全分级

目前,我国对农产品(食品)质量安全的分级,分为无公害农产品、绿色农产品和有机农产品3个等级。其中,有机农产品的等级最高,其次是绿色农产品,等级最低的是无公害农产品。达到无公害农产品的标准,实际上也只是初步获得了进入市场的资格。现将这3级农产品的界定标准介绍如下,供大家参考。

(一)有机农产品的界定

有机农产品(食品)是纯天然、无污染、安全营养的食品,也可称之为"生态食品"。有机农产品与其他农产品的区别:一是有机农产品在生产及加工过程中,包括使用的原材料在内,均禁止使用农药、化肥、生长激素、化学添加剂、化学色素和化学防腐剂等人工合成物质,并且不允许使用基因工程技术;其他农产品则允许有限使用这些物质,并且不禁止使用基因工程技术。二是有机农产品在土地生产转型方面有严格规定,考虑到某些物质在环境中会残留相当一段时间,故土地从生产其他农产品到生产有机农产品需要 2～3 年的转换期;而生产绿色农产品(A 级)和无公害农产品则没有对土地转换期的要求。三是有机农产品在数量上须进行严格控制,要求定地块、定产量;其他农产品则没有如此严格的要求。

(二)绿色农产品的界定

绿色农产品(食品)是遵循可持续发展原则,按照特定生产方式生产,经专门机构认定,许可使用绿色食品标志的无污染的农产品(食品)。它在生产方式上对农业以外的能源采取适当的限制,以更多地发挥生态功能的作用。我国的绿色食品分为 AA 级和 A 级两种,AA 级绿色食品标准要求生产地的环境质量要符合《绿色食品　产地环境质量标准》,生产过程中不使用化学合成的肥料、农药、兽药、饲料添加剂、食品添加剂及其他有害于环境和人体健康的生产资料,而是通过制作有机肥、种植绿肥、作物轮作、生物或物理方法等技术,培肥土壤,控制病虫草害,保护或提高产品品质,从而保证产品质量符合绿色食品产品标准要求。A 级绿色食品标准要求生产地的环境质量要符合《绿色食品　产地环境质量标准》,生产过程中严格限量使用限定的化学合成生产资料,并积极采用生物学技术和物理方法,保证产品质量符合绿色食品产品标准要求。按照农业部发布的行业标准,AA 级绿色食品等同于有机食品。

(三)无公害农产品的界定

无公害农产品(食品)是产地环境、生产过程和产品质量均符合国家(或省、自治区、直辖市)有关标准和规范的要求,经认证合格,获得认证证书,并允许使用无公害农产品标志的未经加工或者初加工的农产品(食品)。无公害农产品是对农产品的基本要求,严格地说,一般农产品都应达到这一要求。无公害农产品是集优质、营养、安全为一体的食品的总称。"优质"是指食品质量优良,个体整齐,发育正常,无病虫害,成熟良好,质地口味俱佳;"营养"是指食品内含品质成分好,含有人体必需的营养物质或元素,主要以食品本身的品质特性来评价其营养的高低;"安全"则是指在食品中不含有对人体有毒、有害的物质,或者是有毒、有害物质被控制在一定标准之下,基本上不构成对人体的危害。也就是说,在无公害农产品中,除了不准含有的一些有毒物质外,对有些不可避免的有害物质,则要控制在允许的安全标准之内。具体到银耳等食用菌产品上,要求在子实体中达到 4 个不超标:一是农药残留不超标,不能含有禁用的高毒农药,其他农药的残留不超过允许量;二是"三废"等有害物含量不超标,重金属及有毒化合物不超过规定的允许量;三是致病菌及其产生的毒素不超标,特别是原材料中有发霉变质的,要挑选出来烧掉或掩埋;四是硝酸盐含量不超标。

二、银耳生产的污染途径

具体到银耳等食用菌的生产,其产品受到污染的途径,主要有以下几个方面。

(一)产地环境的污染

如果栽培场地靠近城市和工矿区,其土壤中重金属含量可能较高,地表水可能被重金属(镉、砷、铬、汞、铅、锌等)以及农药、硝酸盐等污染,污染物也会被银耳富集和吸收。这不仅危害银耳子实体的正常生长发育,降低产量,更严重的是有害物污染降低了银耳的品质。此外,环境空气污染,如栽培场地的空气中有毒有害气体和空气悬浮物(二氧化硫、氟化物、氯气、氮氧化物、粉尘和飘灰等)超标,都会使银耳产品卫生指标超标,甚至造成有毒有害物质的残留。

(二)栽培原料的污染

栽培原料,包括主料、辅料、化学添加剂 3 类。银耳栽培的主料为棉籽壳、杂木屑、玉米芯、各类作物秸秆、甘蔗渣等农林副产品下脚料。有些原料在生产过程中,由于产地环境污染或不科学地施用农药、化肥等,致使富集有重金属镉、汞、铅等或有农药残留。此外,被重金属、农药污染的辅料如麦麸、米糠以及添加剂等,都有可能通过生物链,不同程度地将污染物输入到银耳子实体中,造成产品污染。

(三)管理过程的污染

银耳的生产过程中,要经过配制培养料、喷水及防治病虫害等工序。在这些工序中如不注意,随时都有可能被污染。尤其是在防治病虫害时,如果误用了国家禁用的高毒农药,或用药不当,都会使子实体中的农药残留量超标,从而对人体产生毒害。很多农药及有害化学物质,均易溶解和流入水中,若使用此种不洁水浇灌或浸泡银耳,也会污染耳体进而危害人体。

(四)加工过程的污染

第一,原料的污染。鲜银耳的含水量一般较大,银耳采收后,如不及时加工,又堆放在一起,极易因自然发热而腐烂变质。加工时,若没有严格剔除变质耳体,加工成的产品,本身就已被污染。

第二,操作人员的污染。采收鲜耳和处理鲜耳原料的人员,若手足不洁净,或本身患有乙肝或肺结核等传染病,或随地吐痰等,都会直接污染原料和产品。

第三,操作不严的污染。在银耳产品的加工过程中,如稍一放松某道工序,就有可能导致污染。如罐制品排气不充分、密封不严、杀菌温度不够、时间不足等,均能让有害细菌残存于制品中继续危害,进而导致产品败坏。

(五)流通环节的污染

目前,我国银耳的内销及出口产品,绝大部分是干制、罐藏等加工产品,极少部分是低温保鲜、速冻保鲜产品。这些产品在贮、运、销等流通环节,稍不注意,如干制品受潮、罐藏产品贮存不当等,都会导致产品败坏,以致重新被污染。

三、银耳无公害产品的认证

遵从"从农田到餐桌"全过程管理的指导思想,我国的无公害农产品(包括银耳等食用菌类产品)认证,采取产地认定与产品认证相结合的模式。

2002 年 4 月 29 日,农业部、国家质量监督检验检疫总局等部门联合发布了《无公害农产品管理办法》,并自发布之日起施行。其中重点讲述了无公害农产品产地认定和产品认证的要求条件和办理程序等。自此以后,各省(自治区、直辖市)也依照该办法,陆续发布了本地区相应的《无公害农产品管理办法》。

现将其要求条件和办理程序介绍如下。

(一)具体要求条件

1. 无公害农产品产地

第一,产地环境符合无公害农产品产地环境的标准要求。

第二,产地应集中连片,区域范围明确;产品相对稳定,并具有一定的生产规模。

对于第二条，各地具体规定不完全相同，但都是以形成一定的生产规模作为基本标准的。就银耳（或其他食用菌）来讲，一般的要求是，其生产规模应在 1 万米^2（实际栽培面积）或 50 万袋以上，或年投料（干料）不少于 200 吨。具体申办时，申请者还要按照所在省（自治区、直辖市）的规定标准去办理。

2. 无公害农产品的生产管理

第一，生产过程符合无公害农产品生产技术的标准要求。

第二，有相应的专业技术人员和管理人员。

第三，有完善的质量控制措施，并有完整的生产和销售记录档案。

（二）办理程序

1. 产地认定程序　申请无公害农产品产地认定的单位或个人（简称申请人），应当向县级农业行政主管部门提交书面申请，经过材料审核、现场检查和产地环境检测等程序后，对结果符合要求的，由省级农业行政主管部门颁发无公害农产品产地认定证书。

2. 产品认证程序　申请无公害农产品认证的单位或者个人，应当向认证机构提交书面申请，经过材料审核、现场检查（限于需要对现场进行检查时）和产品检测等程序后，对结果符合要求的，由认证机构颁发无公害农产品认证证书。

获得无公害农产品认证证书的单位或者个人，可以在证书规定的产品、包装、标签、广告、说明书上使用无公害农产品标志。

上述两类证书的有效期均为 3 年。期满需要继续使用的，应当在有效期满 90 日前，按照本办法规定的认定、认证程序，重新办理。

在有效期内生产无公害农产品认证证书以外的产品品种的，

应当向原无公害农产品认证机构办理认证证书的变更手续。

为了从根本上解决之前无公害农产品产地认定与产品认证的脱节问题,我国从 2007 年开始实行无公害农产品产地认定与产品认证一体化推进,这进一步提高了产地认定和产品认证的工作效率,加快了产地认定与产品认证的步伐。对于银耳栽培散户来说,可以若干家散户联合起来,共同申请认证。

四、银耳无公害生产的要求

银耳的无公害生产(包括制种、栽培、加工等),目前所能依据的标准主要有:GB/T 29368—2012《银耳菌种生产技术规范》、GB/T 29369—2012《银耳生产技术规范》、NY/T 5333—2006《无公害食品 食用菌生产技术规范》、NY 5358—2007《无公害食品 食用菌产地环境条件》、NY/T 5295《无公害食品 产地环境评价准则》、GB/T 18407.1—2001《农产品安全质量 无公害蔬菜产地环境要求》、GB 15618《土壤环境质量标准》、NY 5010—2002《无公害食品 蔬菜产地环境条件》、NY/T 528—2010《食用菌菌种生产技术规程》、NY 5099—2002《无公害食品 食用菌栽培基质安全技术要求》、NY/T 393—2013《绿色食品农药使用准则》、GB 2763—2012《食品中农药最大残留限量》等国家标准和行业标准,以及各地参照国家或行业标准制定的地方标准等。

银耳的栽培过程,包含有产地环境选择、菌种选育、栽培设施(或场地)安排、栽培原料选用、栽培管理及病虫害防治等诸多技术和管理细节。显然栽培过程是其中最为重要的,因为只有生产出优质的银耳产品,才能谈到销售、加工等环节。银耳无公害生产的要求要点如下。

(一)生产环境要求

1. 生产场地选择 根据 NY 5358—2007《无公害食品 食用菌产地环境条件》中对食用菌产地选择的要求:食用菌生产场地要求 5 000 米以内无工矿企业污染源,3 000 米之内无生活垃圾堆放和填埋场、工业固体废弃物和危险废弃物堆放和填埋场等。此标准是推荐性的,各地可因地制宜,根据当地情况自定"产地选择"标准。除了此项标准是推荐性的标准外,其他所有关于"农产品(包括食用菌)质量安全"的要求标准都是强制性的,各地区、各部门、各单位必须无条件执行。

综合上述标准以及各地所定的地方标准,我们这里可以将"无公害银耳"制种及栽培场地的选择标准总结如下:"无公害银耳"的制种、代料栽培场地,应选在坐北朝南、地势高燥、平坦空旷、环境清洁、空气新鲜、光线充足、交通便利、有清洁水源、供电有保证的地方。尽量远离垃圾场、污水池、养殖场、畜禽舍、屠宰场、饲料库、粮仓以及"三废"污染严重的厂矿等污染源,以避免不洁灰尘、有害气体、病原微生物或蝇虫等侵害。在南方常有台风或海风吹袭的地带,要避开风口处。段木栽培的耳场,要选在海拔 1 000 米以下,最好背风向阳、靠近水源、湿度较大、背风面有较稀疏的阔叶林,以形成较光亮和较温暖的栽培环境。场内除清除枯枝、石块外,一些小草、苔藓植物则应保留,以保持耳场潮湿,而且在喷水时还可减少泥土沾污耳木的概率。

对"无公害银耳"产品加工(或保鲜)场地的选择,也可参照上述标准。

2. 环境质量指标 对"无公害银耳"制种、栽培场地的水质、土壤、大气的质量指标,应按照 NY 5358—2007《无公害食品 食用菌产地环境条件》中水质、土壤的指标要求以及 GB/T 18407.1—2001《农产品安全质量 无公害蔬菜产地环境要求》中大气质量的指标要求去执行,具体标准见表3-1。

表 3-1　无公害银耳制种、栽培场地水质、土壤及大气的质量指标

	项　目	指标值(毫克/升)	
水质	浑浊度	≤3°	
	臭和味	无异味	
	总砷(以 As 计)	≤0.05	
	总汞(以 Hg 计)	≤0.001	
	镉(以 Cd 计)	≤0.01	
	铅(以 Pb 计)	≤0.05	
	项　目	指标值(毫克/千克)	
土壤	镉(以 Cd 计)	≤0.40	
	总汞(以 Hg 计)	≤0.35	
	总砷(以 As 计)	≤25	
	铅(以 Pb 计)	≤50	
	项　目	指　标	
		日平均	1 小时平均
大气	总悬浮颗粒物(TSP)(标准状态)(毫克/米^3)	0.30	—
	二氧化硫(SO_2)(标准状态)(毫克/米^3)	0.15	0.50
	氮氧化物(NO_x)(标准状态)(毫克/米^3)	0.10	0.15
	氟化物(F)[微克/(分米^3·天)]	5	—
	铅(Pb)(标准状态)(微克/米^3)	1.5	—

　　"无公害银耳"产品加工(或保鲜)的生产场地标准和"无公害银耳"制种及栽培场地的水质、土壤、大气的质量指标还有所不同,其具体要求标准为:加工(或保鲜)用水必须符合 GB 5749—2006

《生活饮用水卫生标准》的要求;至于土壤,因为银耳的加工(或保鲜)不涉及用土,所以生产场地的土质只要没有严重的"三废"之类的污染就行了;环境大气质量标准,则同样要按照表3-1的标准执行。

"无公害银耳"制种及栽培过程中对水质、大气环境等的具体质量要求如下所述。

(1)水质　制种及栽培用水,包括拌入培养基(料)中的水、耳场喷洒用水,以及直接喷洒在耳体上的用水等。要求水质无污染,水源清澈无泥沙,pH值适中,最好达到饮用水卫生标准。特别是直接喷洒在耳体上的用水,一定要符合饮用水卫生标准。可采用自来水、井水、泉水等。在没有条件的地方,可用江、河、湖水,但要求场地上方水源的各个支流处无工业污染源影响;经有关部门检测后,确认水源中没有严重污染物存在时,最好对水再进行沉淀,并加入 0.3%～0.5%的漂白粉或 0.5%的生石灰处理后使用。对于不流通的小池塘水、积沟水则不宜取用,更不能用污水或臭水沟里的水,尤其是工业废水绝不能使用。

(2)大气　对生产场地的大气质量而言,在场地的盛行风向上方,应无大量的工业废气污染源。场地区域内气流相对稳定,即使在风季,其风速也不应太大。场地内空气清新洁净,尘埃较少,空气质量较好。

(3)其他　制种、栽培设施内外,要经常保持环境卫生,对地面等处撒生石灰粉进行消毒。

(二)场地设计要求

银耳生产的规模,有大、中、小型之分。现仅以中小型银耳生产企业为模板,简介一下银耳无公害生产的场地设计要求,供参考。

1. 建筑要求　建筑设施包括制种设施、发菌设施、栽培设施、加工设施等。这些设施中,制种、发菌和加工设施最好采用砖石或钢筋水泥建筑,室内外地面及周围水沟等用水泥或砖石铺设,以便于清洗冲刷和消毒灭菌。各个房室要求密闭、隔热、保温、保湿,通风及光控条件良好。

2. 布局原则　根据银耳制种、栽培、加工(保鲜)、产品购销等方面的需要,生产场所应包括制种、栽培、加工(保鲜)、办公管理等几大功能区。在规划、布局时需掌握以下几个方面。

(1)菌种生产区　包括配料室(车间)、灭菌室、冷却室、接种室和菌种培养室(即发菌室)等。这几个部分必须按顺序衔接起来,形成菌种生产流水作业线,既节约劳力和时间,又可减少杂菌污染。如果条件简陋,可将配料室与灭菌室合为一室,或将冷却室和接种室合并为一室,但仍需按顺序相互衔接。

(2)菌种室(库)　专门用来存放银耳母种、原种、栽培种这3级菌种的地方,一般和菌种生产区相邻,可以说是银耳生产的核心之一。

(3)原料贮备区　原料分为主料和辅料等,用量大的主料如棉籽壳、杂木屑、作物秸秆等,既可放在室内,也可搭棚或覆膜存放;麦麸、米糠等用量较少的辅料应放在防鼠性能好的室内。塑料薄膜、塑料袋及常用器材、工具等,应分类摆放于库房内;玻璃瓶(罐)数量多且易碎,可露天堆放在库房旁边。由于菌种瓶等不少器具需要洗刷,拌料装瓶(袋)需用机电,所以配料及装瓶(袋)区必须设水源、电源、洗涤池、排水道等。同时,原料贮备区还应与菌种生产区保持一定距离或采取有效的防污染隔离措施,以防病虫害侵染菌种生产区。

(4)栽培场　栽培场是供生产栽培以及出耳试验的场所,栽培设施可选用耳房、耳棚等多种形式。因为栽培过程中子实体散发的孢子及发生的病虫害,可能会影响菌种的纯度和质量,所以栽培场应尽量远离菌种生产区,并在菌种生产区的下风方向建造。此外,栽培场还须设废料及垃圾处理区。

(5)加工(保鲜)车间　加工(保鲜)是银耳生产中一个重要的生产环节,对扩大栽培规模和提高经济效益均具有重要意义。常用的加工(保鲜)工艺有干制、制罐、冷藏、速冻等。规模较大的栽培场,可以设立自己的加工(保鲜)车间,并且加工(保鲜)车间应建在栽培场附近。

(6)成品库　成品存放库要求干燥、低温、通风、防虫、防鼠。最好建在加工(保鲜)车间附近,并要运输方便。

(7)实验室　在银耳生产过程中,经常需要进行分析、观察、检查、化验等,因此有条件的生产者还需建一实验室,并配置一定的仪器设备及药剂等。实验室的位置应尽量设在整个生产场地的中部,以便与各道生产工序及时联系。

(8)办公管理区　规模稍大的银耳生产企业一般都有产品购销业务。办公管理区应设在适当的地方,以方便购销业务。

(9)辅助设施区　包括堆煤场、锅炉房、食堂、浴室、公厕等。银耳生产要求卫生洁净,因此辅助设施区应尽量远离上述生产、加工(保鲜)区域。

(三)原、辅材料要求

这里所说的原、辅材料,是指银耳制种及栽培过程中所用的主料、辅料等。虽然制种过程中所用的原辅材料种类有限,但也必须严格选用。银耳代料栽培的主料有棉籽壳、杂木屑、玉米芯、各类作物秸秆、甘蔗渣、菌草等,辅料则有麦麸、米糠、黄豆粉、化学添加剂等。它们大多数是农林副产品下脚料。按照 NY 5099—2002《无公害食品 食用菌栽培基质安全技术要求》的规定,对除化学添加剂以外的主料和辅料的选用,要把好以下"四关"。

1. 原料采集关　所用的原料,大多为干料,有时也用湿料。无论是干料还是湿料,均要求新鲜、洁净、无虫、无霉、无异味,最好进行农药残留和重金属含量的检测,避免使用农药残留和重金属含量超标的农作物下脚料。可大力开发和使用污染较少的菌草如芦苇、五节芒、类芦等作培养料。

2. 入库灭害 干燥的原料进仓前,要经烈日暴晒,以杀灭其中的病原菌和害虫。

3. 贮存防潮 仓库要求干燥、通风、防雨淋、防潮湿。

4. 拌料质量 银耳的代料栽培,多采用熟料栽培。无论制种还是栽培,在配制培养(基)料时,都不允许加入农药拌料。另外,对辅料中化学添加剂的使用,也有一定的要求,其使用标准见表 3-2。

表 3-2　栽培基质化学添加剂使用标准

添加剂种类	功　效	用　量
尿　素	补充氮源营养	0.1%~0.2%
硫酸铵	补充氮源营养	0.1%~0.2%
碳酸氢铵	补充氮源营养	0.2%~0.5%
氰氨化钙(石灰氮)	补充氮源营养和钙	0.2%~0.5%
磷酸二氢钾	补充磷和钾	0.05%~0.2%
磷酸氢二钾	补充磷和钾	0.05%~0.2%
石灰(氧化钙)	补充钙,并有抑菌作用	1%~5%
石膏(硫酸钙)	补充钙和硫	1%~2%
碳酸钙	补充钙	0.5%~1%

注:在制作银耳的各级菌种培养基时,上述各项标准可以适当放宽。

(四)用药用肥要求

此处是指银耳制种及栽培过程中的用药用肥要求。对制种及栽培过程中的病虫害,要以防为主:采用以物理防治、生物防治、生态防治等为主体的综合防治措施,如通过安装紫外线灯、臭氧灭菌器等,进行物理消毒,取代化学药物消毒;利用防虫网、遮阳网等功能网隔离培养室、耳房(棚)等场所,阻隔害虫侵入,将各种病虫害控制在最低的发生状态,以保证产品和环境的无公害水平。当病虫害出现时,要优先采用物理防治、生物防治等手段,如在耳房(棚)内悬挂黄板、蚊蝇诱捕器、频振式杀虫灯、黑光灯、毒饵等来诱杀菌蚊、菌蝇、螨类等害虫;或采用微生物农药和植物性农药杀灭病虫害等。在不得已使用杀菌剂、杀虫剂等化学农药时,应按照无公害生产的要求,选用已登记的高效、低毒或无毒、低残留或无残留的药剂,优选粉剂、烟剂、水剂,尽可能少用乳化剂。用药应在没出耳或每批采收后进行,并注意少量、局部施用,防止扩大污染;严禁在长耳期间喷洒农药;严禁使用未经登记和没有生产许可证的农药,以及无厂名、无药名、无说明书的伪劣农药;严禁使用高毒、高残留农药。在生产过程中,耳农如果对农药品种有疑问,可向当地的植保站等农业部门咨询。在采用增产剂实施拌料、喷施等增产手段时,应选用无公害、无污染的肥料,禁止使用2,4-D、乙烯利、比久等植物生长调节剂。

具体的用药方法及病虫害防治措施,请参阅本书第四章"五、常用药剂"及第七章中的有关内容。对于银耳无公害生产中禁止使用的化学药剂有以下3类。

1. 高毒农药 按照《中华人民共和国农药管理条例》,剧毒和高毒农药不得在蔬菜生产中使用,银耳等食用菌作为蔬菜的一类,也应完全遵照执行,不得在培养基质中加入。高毒农药有甲拌磷、治螟磷、对硫磷、甲基对硫磷、内吸磷、杀螟威、久效磷、磷胺、甲胺磷、异丙磷、三硫磷、氧化乐果、磷化锌、磷化铝、氰化物、克百威、氟乙酰胺、砒霜、杀虫脒、氯化乙基汞、醋酸苯汞、溃疡净、氯化苦、五氯酚钠、二氯溴丙烷等。

2. 植物生长调节剂 所有植物生长调节剂。

3. 混合型基质添加剂 含有植物生长调节剂或成分不清的混合型基质添加剂。

(五)加工、贮运要求

采用银耳鲜品作原料时,原料必须绝对新鲜,并要严格剔除病虫危害和腐烂变质的耳体。操作人员必须身体健康,凡有乙肝、肺炎、支气管炎、皮炎等病患者,一律不得从事银耳产品的加工操作。整个过程中,要快采、快装、快运、快加工,严防松懈拖拉。严格执行有关操作规程,以免因操作不严而导致产品被污染或者变质。

加工的产品,不论是干品、罐制品,还是保鲜产品等,均要密封包装。产品的外包装(箱、筐等)应牢固、干燥、清洁、无异味、无毒,便于装卸、贮存和运输,保护产品不受挤压;产品的包装上应有标志和标签,标明产品名称、生产者、产地、净含量等,字迹应清晰、完整、准确。贮存处要清洁、干燥、避光、低温、通风,并不得与农药、化肥等化学物质和易散发异味、臭味的物品混放。在运输时,运输工具要求清洁、卫生、无污染、无杂物。装卸时,要轻装轻卸,避免机械损伤。产品不得裸露,不得与有毒有害物品、鲜活动物等混装运输。运输过程中,要防日晒、防雨淋,尽量(尤其是保鲜产品)在低温条件下运输。

(六)银耳产品质量标准

关于银耳鲜品的卫生标准,见表 3-3;关于银耳干品的质量标准,参见第十章的相关内容;有关银耳罐头的卫生标准,应按 GB 7098—2003《食用菌罐头卫生标准》执行。

表 3-3　食用菌农药残留限量标准　（引自 GB 2763—2012）

序　号	残留物	食品类别/名称	MRLS 标准（毫克/千克）
1	2,4-D	食用菌类（鲜）	0.10
2	百菌清	食用菌类（鲜）	5.00
3	二硫代氨基甲酸盐	食用菌类（鲜）	1.00
4	氟氯氰菊酯	食用菌类（鲜）	0.30
5	腐霉利	食用菌类（鲜）	5.00
6	氟氰戊菊酯	食用菌类（鲜）	0.20
7	甲氨基阿维菌素	食用菌类（鲜）	0.05 *
8	乐　果	食用菌类（鲜）	0.50 *
9	氯氟氰菊酯	食用菌类（鲜）	0.50
10	氯氰菊酯	食用菌类（鲜）	0.50
11	马拉硫磷	食用菌类（鲜）	0.50
12	咪鲜胺和咪鲜胺锰盐	食用菌类（鲜）	2.00
13	氰戊菊酯	食用菌类（鲜）	0.20
14	双甲脒	食用菌类（鲜）	0.50
15	五氯硝基苯	食用菌类（鲜）	0.10
16	溴氰菊酯	食用菌类（鲜）	0.20

注：MRLS：最高残留量。

　＊：临时限量。

第四章 银耳的生产设备

银耳的生产,主要包括菌种制作、子实体培养和产品加工(第一步就是干制)这三大部分。这些生产过程,均需要一定的场地、设施、设备、原料等,在此,我们通称为生产设备。对设备的选择,应根据个人经济条件,结合经营重点、生产规模等因素综合考虑。另外,银耳的栽培方式有代料栽培和段木栽培两种类型,这两类栽培方式所需的生产条件,诸如栽培场地等,不是完全一样的。

从 2010 年开始,国家已将食用菌生产机械(包括塑料大棚设施设备、干燥设备、遮阳网等食用菌相关物资产品)也纳入了农业机械购置补贴产品种类范围内。准备购买银耳等食用菌类相关生产机械的读者,可以到当地农业部门去咨询有关补贴条款等项事宜。

下面就以银耳代料栽培所需的设备条件为基本标准,从菌种培养室、栽培设施、生产原料、主要设备、常用药剂等几个方面来做重点介绍。

一、菌种培养室

菌种培养室又叫发菌室、菌种室、培养室,是用来放置和培养菌种的专用房间,主要用于银耳原种、栽培种(以及母种)发菌阶段的培养。其大小与构造要根据实际需要和条件来设计。总体要求是保温、干燥、清洁、遮光和通气条件好。每间培养室的面积在 $12\sim40$ 米^2,以利于控制培养条件。培养室最好是坐北朝南,四周应种植落叶树木,这样盛夏可有效地降低室温,冬季也不影响日光增温。

　　培养室最好能保持恒温。门、窗要密闭,屋顶及四壁要厚实,最好是双层门窗和隔热夹层墙壁结构,夹层内填塞谷壳、木屑、泡沫塑料等保温材料,以减少室外气温急剧变化对室温的影响。专业制种单位的培养室应配置增温、降温设备;条件较差的专业户可以利用煤炉等加热装置来增温。培养室的门窗数量、大小和开设位置应有利于整个室内的通风换气;屋顶及四壁要平整紧实,无洞穴、裂缝,并用石灰浆粉刷干净;最好采用水泥地面,泥土地面则应整平夯实。因发菌阶段需要较暗的条件,所以培养室的门窗应该是既能通风透气又能遮光。室内照明灯亮度不要太大。一般培养室应设多层培养床架。床架可用竹、木、角铁等材料制作,每层架上铺以竹木条(板)或塑料板,以便摆放发菌的瓶、袋。床架的大小规格依房间大小而定,一般宽度为 0.6~1.4 米,层数 5~6 层,每层相距 40~60 厘米,底层距地面约 30 厘米,顶层距屋顶至少 1 米,走道宽 50~80 厘米。室内还要有干湿球温度计,用以控制温度和湿度。培养室要定期进行室内消毒灭菌,防止病虫害发生。菌种入室前,要用药物对培养室消毒。室内除放置专用物品外,不要放置其他杂物。正常使用时应由专人负责,要谢绝非管理人员进入。

　　因为母种所占的空间体积较小,故母种培养室的面积一般也略小,且常与原种或栽培种培养室分开。在冬季气温低时,无论是母种或是原种,如培养数量较少,可不必将整个培养室升温,而是利用恒温培养箱进行培养。恒温培养箱是用电加热升温,可恒定在不同的温度下。市售的有各种型号和规格的,可根据生产需要选购。此外,也可用木板来制作简易的保温培养箱,箱体外部尺寸为:长 1 米、高 1.3 米、宽 0.8 米,箱壁为双层结构,中间填充木屑等作保温层,在箱底部安装电热丝或 2 个 100 瓦的白炽灯泡作热源,在顶部开一个小孔,用于放置温度计。此外,还可用电热毯来保温发菌。其做法是：先铺一层棉絮，再放上电热毯，再在电热毯上放一层棉絮。其上排放好菌种后，再盖一层棉絮进行保温。但要经常检查温度，当温度上升到 25℃时，要断开电源停止加热；温度下降到 20℃时，再通电加热升温，保持温度在 20℃～25℃。在平时(尤其是夏、秋高温季节)，母种放在室内容易衰老甚至死亡，所以必须用冰箱保存，一般家用电冰箱就可以，母种要放在冷藏室，不能放进冷冻室。

二、栽培设施

银耳的栽培分为代料栽培和段木栽培两种方式。代料栽培主要在室内进行，可以利用耳房、耳棚、日光温室、太阳能温床等设施栽培；而段木栽培，除可利用耳房、耳棚等栽培设施外，还可在室外进行露地栽培。无论选择哪一种栽培设施、栽培场地，均要尽量达到遮阴、控温、控湿、控光、适度通风的要求。现仅根据一般情况，将银耳代料栽培常见的栽培设施类型介绍如下。

(一)常见耳房

常见耳房，多为普通耳房(也叫常规耳房)，既可以是起脊房，也可以是平顶房。可用砖石、土木等建造，也可用闲置民房、库房、厂房等改建。宜选高爽之地建造，方位最好坐北朝南。耳房一般长 8～12 米、宽 4～8 米、高 3～5 米。房内可放置若干排多层床架。床架的排列方向，可与耳房走向垂直(即坐北朝南东西走向的耳房，其床架南北向排列)，也可与耳房走向平行。床架一般用竹木等为支柱搭建，其各层可用竹片等铺成床面，竹片间距 3～5 厘米。床架高 2～4 米，层距 25～35 厘米，层数 6～18 层甚至更多。底层离地面 20 厘米以上，顶层距房顶 1 米以上。采用横排一袋时，床架宽约 40 厘米；两袋并列横放时，床架宽约 80 厘米。每排床架之间留出宽 60～80 厘米的走道,床架四周均不宜靠墙,与墙距离 50～70 厘米。若实行吊袋式栽培,可用床架也可不用床架。

　　耳房的通气窗应开在南北墙,上、下各开 1 个。若耳房高、床架层数多,可增开中窗。上窗上沿低于房檐(或房顶)15～30 厘米,下窗下沿高出地面 10～20 厘米。窗户一般宽 35 厘米、高 50 厘米;或宽、高各 50 厘米;或宽 50 厘米、高 35 厘米等规格均可,装上尼龙纱网,以阻挡害虫进入耳房。窗外最好悬挂起挡风遮光作用并能启闭的草苫(又叫草帘)。耳房的门上也要开通气窗并装纱网。对于起脊房来说,每条走道中间的房顶上应设置拔风筒,筒高 1.2～1.6 米,筒下直径 40 厘米,筒上直径 25～30 厘米,筒顶装风帽,风帽直径是筒口直径的 2 倍,帽檐与筒口平(图 4-1);平顶房则可以通过其他方式增强耳房的通风透气功能。

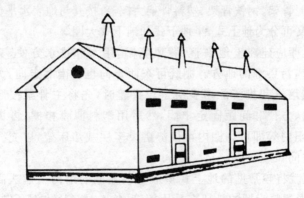

图 4-1　常见耳房

　　耳房不宜过大,过大则中部通风不良,温湿度和病虫害不易控制;也不宜过小,否则单位面积建筑费用过高,利用率却很低。新建耳房的有效栽培面积以 150～500 米² 为宜,改建耳房可因地制宜。有效栽培面积可按下式计算:耳房的面积×0.6(面积利用率)×6～18(床架层数)。

(二)常见耳棚

栽培银耳常见的耳棚是塑料大棚。塑料大棚建造简便,成本较低,且具有较好的控温及保湿效果,既可在其内按照常规的季节安排栽培银耳,也可通过科学的设计(夏季可将大棚建在林荫之下或其他阴凉环境,并在棚顶及棚的周围罩盖黑色塑膜、10厘米厚的茅草、遮阳网等,以有效降温,这样的大棚又称为野外荫棚、野外草棚、野外耳棚等;冬、春之季则可通过在棚内增加升温设备等升温保温)反季节栽培银耳。大棚既可以新建,也可以利用现有闲置的蔬菜棚、其他食用菌栽培棚等。大棚的种类很多,从外形上分,可分为斜坡形、脊形、拱形、半圆形大棚等;从结构上分,可分为标准形、独立形、连栋形、简易形大棚等;按用材分,则可分为竹木骨架、水泥骨架、钢铁骨架、塑料骨架大棚等;按其与地表水平位置的差异,又可分为地上式、半地下式和地下式大棚等。

大棚应建在土地平整、背风朝阳、用水和排水方便、交通便利、远离污染源的地方。棚既可东西走向也可南北走向,大小可根据栽培量和投资的多少决定。搭建时,先将主骨架按照设计的方向、方位和间距固定牢固,然后用塑料薄膜扣棚,再覆盖草苫、遮阳网等即可。棚内可依势搭设多层栽培床架,以充分利用棚内空间。

现就将较常见的地上式拱形塑料大棚的结构与建法简述如下:拱形塑料大棚的骨架多采用钢管、竹木、塑料、水泥预制品等。由立柱、拱杆、拉杆和塑料薄膜、草苫等组成。其规格一般为:高2.5～4米(中间高度),宽4～10米,长15～60米。塑料膜多采用高强度的聚乙烯(PV)膜或无滴型聚氯乙烯(PVC)有色大棚专用膜等,遮阴材料可采用稻草(或麦秸)草苫、其他秸秆、茅草(野草)等,或采用专用的黑色遮阳网遮阴(图4-2)。

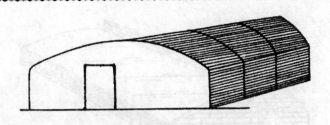

图 4-2　地上式拱形塑料大棚示意图

（三）日光温室

日光温室可最大限度地利用太阳光能,不用加温,可以节约大量燃料,保温性能好,尤其适合于北方地区,多年来已被广泛采用,也是冬、春之季栽培银耳的理想设施。现就以地上式日光温室为例,将温室的建造要点叙述如下。

日光温室要建在向阳、背风之地。一般坐北朝南,东西延长,向东或向西偏斜 5°～7°。三面砌墙(无南墙)或四面砌墙(有南墙),高 2.5～3.5 米(最北边的后墙高 1.5～2 米),宽 6～9 米,长 40～80 米,最长的可超过 100 米。有的温室设有南墙,高 50～100 厘米;有的温室则不设南墙。墙体可用土或砖等建筑,以土筑墙的保温效果最好。如用土筑墙,则北墙的墙体厚通常为 80～120 厘米,东、西、南墙的墙体厚均为 40～60 厘米;若是砖筑墙,则北墙的墙体厚为 50 厘米左右,其他 3 面的墙体厚均为 25 厘米左右。温室的骨架,可选用钢架、竹木或水泥预制品等,棚膜多采用无滴膜。两侧墙留有棚门,在后墙和顶部留通气孔。砖体墙的保暖材料多用炉渣、木屑、硅石等,后坡的保温可用秸秆和草泥等,前坡多用草苫。常见的一种地上式日光温室如图 4-3 所示。

在日光温室中栽培银耳,可采用床架式栽培或畦床式栽培,或将两种方法结合起来进行组合式栽培。

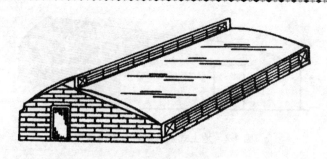

图 4-3　日光温室示意图

（四）太阳能温床

太阳能温床，又叫太阳能温室等。它与一般塑料棚或阳畦的不同点，是增设了太阳能集热坑，通过地下输热管道为温床提供热源。再加上温床顶部的塑料棚也能吸收太阳辐射热，因此使其产生了良好的升温、保温效果。

温床的规格大小，可以根据具体情况设计。建造时，应选择背风向阳、南侧无遮阳物的地块。以东西长 9～12 米、南北宽 2 米规格的温床为例：首先挖一东西长 9～12 米、南北宽 2 米的阳畦，太阳能集热坑设在阳畦的东侧或西侧 2 米处，以防止阳光被遮挡。

太阳能集热坑为圆形，上口直径为 3 米，深 1.3 米，坑底挖成锅底形。用三七灰土掺入 5%～10% 烟灰拍平夯实，厚度为 6 厘米。坑上用竹片或直径 6 毫米的粗钢筋制成半球形穹架，再用 10 号铅丝网上横环作骨架，骨架上面铺无色透明塑料薄膜，膜外用 10 厘米×10 厘米网眼的尼龙网罩蒙，并加以固定。

集热坑与温床用地下输热道相连。温床床畦下面建有迂回输热道。输热道上面铺放一层秸秆或树枝树皮，再铺 6 厘米厚麦秸、稻草、木屑等，最上面铺薄膜，然后即可将发好菌的银耳菌袋摆袋出耳。当然，也可以在温床内先摆放菌袋发菌，发好菌后再按照常规管理出耳。

在温床另一端设排气囱，内径 12 厘米×12 厘米，高为 2 米。热气经输热道，最后由排气囱抽掉，新的热气又从集热坑补充，进行循环供热。如遇阴天或雨雪天气，用草苫等覆盖温床塑料顶，关闭排气囱，封闭集热坑进气孔，利用余热仍可保温 5～6 天。

温床的土墙可用泥垛墙，墙高 50 厘米，用竹片做拱架，上罩双层蓝色农用薄膜，以增强吸热保温效果。在东、西山墙上各留 1 个 40 厘米×20 厘米大小的通气孔，以定时开启换气。也可在温床的东西两端（或任意一端），各开 1 扇门（或只开 1 扇门），作进出通道，门口挂厚门帘，以利于保温。在山墙上留门时，同样要在东、西山墙上（或门上）各留 1 个 40 厘米×20 厘米大小的通气孔。另外，还需在薄膜拱顶的两侧开设几个 40 厘米×20 厘米大小的小窗，以便于喷水等项管理以及观察等（图 4-4）。

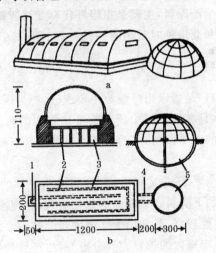

图 4-4　太阳能温床示意图 （单位：厘米）

a. 外观图　b. 平面图

1. 排气囱　2. 迂回输热道　3. 阳畦

4. 输热道　5. 太阳能集热坑

虽说太阳能温床升温保温效果卓著,但为了保证生产,最好能为连续多天无太阳的低温天气准备一些辅助加热设备,以构成双保险。

各项栽培管理均如常规。如措施得当,银耳的生物学效率可达 100%以上,即 100 千克干料可产鲜银耳 100 千克以上。

太阳能温床的应用,使得在严寒的冬季也能生产银耳,这对于冬季气候寒冷的我国北方地区是极其有利的。温床建造费用低廉,并可重复使用,可谓本小利大,极有发展前途。另外,太阳能温床还可用于其他食用菌及蔬菜等的栽培。

三、生产原料

本节所述生产原料,主要是指银耳代料栽培所需的原料,以及制作银耳原种和栽培种时常用的原料。

(一)主　料

即主要原料,是指以粗纤维为主要成分,能为银耳菌丝生长提供碳源和能量,且在培养料中所占数量比较大的营养物质。银耳代料栽培常用的主要原料,多为各类农林副产品下脚料,现介绍如下。

1. 棉籽壳　棉籽壳又叫棉籽皮,即棉花籽粒的种皮,是棉花榨取棉籽油后的下脚料。棉籽壳碳氮比适宜,物理性状好,颗粒间空隙较大,透气性较好,是栽培银耳的优质原料。表面含棉纤维较多,并混有少量碎棉仁的棉籽壳养分更好,生产后劲足。棉籽壳的价格较贵,虽然用棉籽壳栽培银耳的产量高,但生产成本也较高。若将棉籽壳与杂木屑、玉米芯以及其他原料混合后组成生产基质,同样可以获得高产,而且可降低成本。棉籽壳必须选择干燥、无霉烂、无结块、未被雨淋的。当年收集,长年利用。在贮运过程中,应防止因高温而自燃。作栽培料用时不必加工,可与其他原料、辅料直接混合。陈棉籽壳在使用前,置置于烈日下暴晒 2~4 天。

2. 杂木屑　主要是指各类阔叶树的木屑。因为经常将若干种阔叶树的木屑混合在一起使用,故常称之为杂木屑。含有油脂和芳香类物质的树木的木屑不能使用,如松树、杉树、柏树、洋槐、桉树、樟树等。木屑可以选用木材加工厂的下脚料,也可以用树枝等粉碎而成。杂木屑中蛋白质含量低,而粗纤维、木质素含量高,在使用时,需与蛋白质含量高的原料混合组成生产基质栽培银耳。生产规模较大时,可选用银耳适生树种的枝丫、树梢、树根等作栽培原料,采用木材切片机、木材粉碎机等进行加工。无论采用何种木屑,都应在充分晒干后贮藏。木屑的颗粒不宜太粗。用于塑料袋栽培的木屑,均要通过孔径 3 毫米的筛,以清除杂物及尖刺木片,以免刺破料袋。

3. 玉米芯　玉米芯是指脱去玉米粒后的玉米棒,也是生产银耳的优质原料。玉米芯中可溶性碳水化合物含量高,有利于菌丝分解利用,菌丝长势好,银耳产量也较高。但玉米芯的木质素和纤维素含量较低,利用纯玉米芯栽培银耳时,会出现前期产量高、后期出耳少、菌袋软化快的情况。若与棉籽壳、杂木屑等混合组成培养基栽培,能提高产量和质量。玉米芯要求晒干,并将其粉碎成绿豆大小的颗粒。过粗的玉米芯,装袋后会在料中形成较大的孔隙。玉米芯粉碎后颗粒仍较粗,应与较细的木屑、麦秸粉、黄豆秸粉等混合,达到在养分和物理性状上的互补,有利于提高产量。另外,由于玉米芯颗粒较大,吸水湿透速度缓慢,因此若加水拌匀后立即装袋灭菌,会造成灭菌不彻底。在拌料时,应提前用水浸泡几小时,让玉米芯颗粒吸水浸透后,再捞出与其他干料混合拌匀。或者将玉米芯提早 1 天加水拌匀、堆积,让其内部吸水湿透后,再与其他原料混合。

4. 玉米秸　玉米秸也是农业生产中的主要秸秆原料,也可用来栽培银耳。玉米秸需经粉碎后使用。玉米秸中木质素和纤维素含量较低,不宜作主要原料来栽培银耳,否则产量较低。玉米秸应与含木质素和纤维素高的原料,如棉籽壳、杂木屑等混合使用,才有利于提高产量,增加效益。

5. 黄豆秸 黄豆秸组织结构紧凑坚硬,蛋白质含量高,是生产银耳的优质原料。黄豆秸需粉碎后使用。粉碎后的黄豆秸往往较硬且尖,易刺破塑料袋,最好是拌好料后,堆积发酵处理 3～5天,使尖而硬的黄豆秸粉碎物软化后,再装料。

6. 高粱秸 高粱秸又叫高粱秆,是我国高粱产区的主要秸秆原料。用于栽培银耳时,需粉碎成粉末后使用。由于高粱秸秆皮层硬,在粉碎物中往往有尖而硬的粉末,容易刺破塑料袋,因此在装袋之前,最好先进行短期发酵使之软化后,再装入袋中。高粱秸秆蛋白质含量低,较疏松,降低了装入袋中的料量。以高粱秸为主要原料时,生产的银耳产量不高。若与杂木屑,或棉籽壳,或玉米芯原料混合使用,既可增加养分,又可改善物理性状,有利于提高银耳的产量和质量。

7. 高粱壳 高粱壳指高粱籽粒的外壳。高粱壳含氮量丰富,可溶性碳水化合物含量高,较硬,呈颗粒状,通透性好,是生产银耳的优质原料之一。高粱壳表面有一层蜡质,较疏松,含木质素和纤维素较低,不宜作主要原料栽培银耳,否则产量较低,其用量以30%为宜。与杂木屑、玉米芯、秸秆原料混合使用效果最好。

8. 麦秸 麦秸又叫麦草等,有小麦秸和大麦秸等几种。大麦秸的蛋白质含量高,是小麦秸的 1 倍。大麦秸在我国数量较少,小麦秸较多,在北方南方均有分布。由于小麦秸中空,壁厚,外层为蜡质层,直接用于生产时,占据空间大,装料不紧凑,不利于菌丝体生长和提高产量。最好将其用机械粉碎成碎末,或者铡成草节后,再用石碾碾破使之变软。若在装料之前,经短期发酵处理,使其进一步软化后使用,效果会更好。麦秸由于疏松,木质素和纤维素含量较低,用作主要原料栽培银耳时,因后劲不足,致使银耳产量较低。因此,最好与含木质素和纤维素高的原料混合使用,如杂木屑、棉籽壳、玉米芯等,以利于提高产量,增加收益。麦秸应在平时及早收集,晒干后贮藏于通风干燥场所,防止受潮霉变,以保持其优良质地和产热效能。

9. 稻草　稻草是农业生产中数量较多的秸秆原料,也可用于生产银耳。栽培银耳以糯稻草和粳稻草为好,籼稻草营养较差。另外,以选用晚稻稻草为好。若使用早稻稻草,收割时要特别注意晾晒,以确保其新鲜无霉变。稻草要新鲜、干燥、金黄色、无霉变,当年和隔年的都可以用。未经充分干燥的稻草则不宜使用;收割前喷过农药的稻草,也不宜选用。由于稻草较疏松,在使用之前,应用机械粉碎成碎末,或铡成1~2厘米长的草节。若经过发酵使之软化,或用石灰水浸泡软化后,再装入袋中,可减少占据的空间,增加装入的料量。稻草中木质素和纤维素含量较低,用作主要原料栽培银耳时,一般产量较低。若与木质素和纤维素含量高且较细的原料,如杂木屑、棉籽壳、豆秆粉等混合使用,则有利于提高产量,增加效益。

10. 甘蔗渣　甘蔗渣是指甘蔗榨取糖汁后留下的皮层和髓层部位的粉碎物。甘蔗渣皮层坚硬,而髓层柔软。一般皮层部分用于生产纤维板,而髓层部分很少被利用,但可用于生产银耳等食用菌。甘蔗渣较柔软、疏松,富有弹性,装入袋中的量少。单独使用时,栽培出的银耳产量较低,因此应与杂木屑、棉籽壳、玉米芯等原料混合使用,才有利于提高产量。用甘蔗渣作原料,应选新鲜、色白、无酸败、无霉变的。一般应取用糖厂刚榨过糖的新鲜蔗渣,并要及时晒干贮藏备用。没有充分晒干,久堆结块,发黑变质,有霉味的,不宜采用。在新鲜甘蔗渣中,以细渣为好。若是带有蔗皮的粗渣,要经过粉碎筛选后再用,以防刺破栽培袋。

11. 菌草　是指可用来栽培银耳等食用菌的那些草本植物,

其中既有野草,也有牧草、饲草等。菌草可代替木屑作原料,主要有芒萁、斑茅、象草、类芦、芦苇、五节芒、拟高粱等多年生草本植物。菌草营养成分十分丰富,利用菌草栽培银耳,产量可与木屑持平甚至更高,而且成本低。菌草的特性与木屑不同,采割、加工及贮藏与木屑也不同。芒萁、类芦等菌草由于含氮量较高,所以在采收时要十分注意季节和天气的选择。如果在雨季采收,无法干燥加工,很容易霉变,会降低菌草的利用价值。因此,一定要选在连续晴天5～7天后采割。菌草松散,可用专门的菌草粉碎机加工,而且要加工成直径3毫米以下的碎屑,以免装料时刺破塑料袋,造成污染。菌草粉碎加工后,要贮藏在干燥的室内,否则易霉变、结块,降低营养价值。

12. 其他原料 除前面介绍的原料外,像棉秆、花生壳、花生藤、蚕豆壳、红薯藤、废棉、向日葵秆(盘、籽壳),以及酿造业的下脚料啤酒糟、白酒糟、醋糟等,均可作为栽培银耳的主料。应选择质量好、无霉变的及时晒干收藏,备用。各种原料的养分和物理性质不同,应充分了解各种原料的成分和特性,合理地配制成生产基质,才能达到既增加产量,又降低成本的目的。

(二)辅 料

即辅助原料,是指能补充培养料中的氮源、矿物质和生长因子,以及在培养料中添加量较少的营养物质。辅料除能补充营养外,还可改善培养料的理化性状。常用的辅料可分为两大类:一类是天然有机物质,如麦麸、玉米粉等,主要用于补充主料中的有机态氮、水溶性碳水化合物以及其他营养成分的不足。另一类是化学物质,有的以补充营养为主,如尿素、过磷酸钙等;有的则以改善培养料的理化状态为主,如加入石灰调节培养料的酸碱度等。栽培银耳常用的辅料如下。

1. 麦麸 麦麸是小麦籽粒加工面粉时的副产品。其营养十分丰富,而且质地疏松,透气性好。它既是优质氮源,又是富含维生素 B_1 的添加剂,是银耳制种和栽培中不可缺少的辅料之一,用量一般为 10%～30%。市场上常见的麦麸有粗皮、细皮、红皮、白皮,生产上多选用粗皮红色的。麦麸易滋生真菌,故用作培养料时需经严格挑选,变质发霉的不宜使用。

2. 米糠　米糠因加工稻米的机械和糠壳部位的不同,养分含量有较大差异。米糠大致可分为 3 类:一类是统糠,是由一次性加工出稻米而生产出来的米糠;二类是洗米糠,是指脱去谷壳后,再从大米表面脱下的一层糠;三类是谷壳糠,是指用谷壳粉碎而成的糠,谷壳糠是稻谷中最外层壳,不含有洗米糠。三类米糠中蛋白质含量最高的是洗米糠。生产上常用统糠作为氮素营养物质加入培养基中,一般用量为 10%～30%。米糠中含有丰富的 B 族维生素,是银耳生长不可缺少的物质。谷壳因表面为蜡质层,不易被银耳菌丝分解利用,一般需经粉碎后使用。在通透性不良的培养基中加入谷壳,可改变培料的通透性。洗米糠也可用作氮素补充营养物质,但因其蛋白质含量高,要适当减少用量,一般使用量以 8%～10%为宜。米糠易被螨虫侵蚀,也较适宜真菌生长,宜放干燥处,以防潮湿。拌料时,米糠料块应打碎,与其他培养料翻拌均匀。

3. 黄豆粉　又叫大豆粉,由黄豆籽粒加工粉碎而成。黄豆粉蛋白质含量高,同时还含有钙、镁、钾、磷、铁等矿物质,因此黄豆粉不仅是银耳生产中的优质有机氮素营养物质,还可提供多种有益的矿质元素。由于黄豆粉的蛋白质含量高于麦麸,因此在用量上要比麦麸少,一般用量为 1%～5%。另外,黄豆粉也可与麦麸及米糠混合使用,但用量要适当减少。生产中,应选用新鲜、干燥、无霉变、无结块的原料。

4. 玉米粉　是由玉米籽粒加工粉碎的粉末。玉米粉也是银耳生产中的优质有机氮素营养物质。玉米粉中所含的蛋白质比麦麸高,因此在用量上比麦麸少,一般用量为 3%～10%。此外,还可与麦麸及米糠混合使用,但用量要减少。生产中,要选用新鲜、干燥、无霉变、无结块的原料。

5. 黄豆饼粉 又叫大豆饼粉,是榨取大豆油后的下脚料。其蛋白质含量高,是麦麸的 2.5 倍。由于蛋白质含量高,在用量上要适当减少,单独使用时,用量一般为 10%左右。也可与麦麸或米糠混合使用,但在用量上要减少,以 1%～5%为宜。麦麸或米糠的用量也要相应减少。生产中,要选用新鲜、干燥、无霉变、无结块的原料。

6. 菜籽饼粉 又叫油枯、麻枯,是指油菜籽经榨油后的下脚料。菜籽饼粉蛋白质含量高,略高于黄豆饼粉。由于菜籽饼粉含氮量高,因此用量要少,一般为 3%～5%。若用量过多,易出现杂菌污染。另外,其用量还要根据基质中主料的含氮量来定。在含氮低的原料中加入菜籽饼粉,有利于提高银耳的产量。

7. 花生饼粉 花生饼粉是指花生榨油后的下脚料,是一种较好的氮素营养物质。由于花生饼粉蛋白质含量高,因此用量要少。同时,需粉碎成细粉后,再与其他原料混合均匀使用。

8. 尿素 尿素也称"脲",是一种有机氮素化学肥料。白色或淡黄色结晶体,也有小颗粒状,加热超过熔点时即分解为氨。其吸湿性强,易溶于水,含氮量为 42%～46%。尿素可作为培养料的氮素营养的补充,按照银耳无公害生产的要求,在银耳栽培料中,尿素的用量一般为 0.1%～0.2%,不能超过 0.2%,以免引起氨气对菌丝的毒害。

9. 过磷酸钙 过磷酸钙是农业上常用的速效磷肥之一,也称过磷酸石灰,呈酸性。其主要化学成分是磷酸二氢钙和无水硫酸钙,含磷量(五氧化二磷)为 14%～20%。过磷酸钙是一种常用的添加养分,其用量一般为 0.5%～2%。

10. 石膏 石膏的学名为硫酸钙,为白色或粉红色粉末。微溶于水,弱酸性。可直接补充银耳菌丝生长所需的硫和钙,改善培养料的结构和水分状况,调节培养料的酸碱度。按照银耳无公害生产的要求,在银耳栽培料中,石膏的用量一般为 1%～2%,不能超过 2%。石膏分生石膏与熟石膏两种,两者均可使用。但以熟石膏的效果较好,生产上常选择细度 80～100 目的农用石膏粉。如果没有石膏亦可用碳酸铵或生石灰代替。

11. 碳酸钙　碳酸钙的纯品为白色结晶或粉末,极难溶于水。可用石灰石等材料直接粉碎加工而成,称为重质碳酸钙。也可用化学法取得,产品质纯粒细,称为轻质碳酸钙,易溶于水,水溶液呈微碱性。因其在溶液中能对酸碱起缓冲作用,故常用作缓冲剂和钙素养分添加于培养料中。按照银耳无公害生产的要求,在银耳栽培料中,碳酸钙的用量一般为 0.5%～1%,不能超过 1%。为降低成本,栽培时常用重质碳酸钙,但最好选用轻质碳酸钙。

12. 硫酸镁　硫酸镁是一种盐类,医药上俗称泻盐,无色或白色的晶体或白色粉末,可溶于水。主要是补充镁离子,镁离子对银耳菌丝和子实体细胞中的酶有激活作用,可促进代谢。常用于拌料,用量一般为 0.1%～0.6%,有利于银耳菌丝生长。

13. 磷酸二氢钾　磷酸二氢钾也是一种化学肥料。溶于水,所含的磷为速效成分,不仅可补充磷,还可补充钾。按照银耳无公害生产的要求,在银耳栽培料中,磷酸二氢钾的用量一般为 0.05%～0.2%,不能超过 0.2%。

14. 磷酸氢二钾　与磷酸二氢钾类似,也是一种化学肥料,主要补充磷和钾。其中,磷和钾的百分含量比磷酸二氢钾更高,而且其更易溶于水,只不过是其偏于碱性(磷酸二氢钾 pH 值 4.5,呈酸性;而磷酸氢二钾 pH 值 8.8,呈碱性)。按照银耳无公害生产的要求,在银耳栽培料中,磷酸氢二钾的用量同样为 0.05%～0.2%,不能超过 0.2%。

15. 蔗糖　蔗糖作为银耳菌丝生长的速效碳源,可直接被菌丝吸收利用,因而有利于接种块菌丝的萌发和生长。配方中蔗糖的用量一般为 0.5%～2%,用量太大易滋生杂菌。生产上使用白糖、红糖或板糖均可。以红糖较为经济,而且其葡萄糖含量高出白糖 10～20 倍,并能满足菌丝体在生长过程中对铁、锰、锌等微量元素的需求。但红糖易结块、返潮,在高温、高湿下酵母菌会在其上大量繁殖,易使培养料发酸,所以应做到随购随用。

上述各种辅料的蛋白质含量差异较大,在用量和用法上不能采用同一模式,要根据原料自身蛋白质含量的多少来确定加入量的多少。若使用的原料中蛋白质含量高,使用量要减少;相反,若原料蛋白质含量低,则要加大用量。

表 4-1 所示是栽培银耳常用原料的营养成分,表 4-2 所示是常用化肥的主要成分,供参考。

表 4-1　栽培银耳常用原料的营养成分　（%）

原料种类	氮	磷	钾	钙	有机质	含碳量	碳氮比(C/N)
棉籽壳	2.03	0.53	1.30	0.53	96.6	56.00	27.6
杂木屑	0.10	0.20	0.40	—	84.8	49.18	491.8
玉米芯	0.53	0.08	0.08	0.10	91.3	52.95	99.9
玉米秸	0.48	0.38	1.68	0.39	80.5	46.69	97.3
大豆秸	2.44	0.21	0.48	0.92	85.8	49.76	20.4
小麦秸	0.48	0.22	0.63	0.16	81.1	47.03	98.0
大麦秸	0.64	0.19	1.07	0.13	81.2	47.09	73.6
燕麦秸	0.54	0.14	0.90	0.29	81.2	47.09	87.2
稻草	0.69	0.11	0.85	0.44	75.5	43.79	63.5
高粱壳	0.72	0.70	0.60	—	56.7	32.90	45.7
甘蔗渣	0.63	0.15	0.18	0.05	91.5	53.07	84.2

续表 4-1

原料种类	氮	磷	钾	钙	有机质	含碳量	碳氮比(C/N)
甜菜渣	1.70	0.11	10.30	—	97.4	56.50	33.2
葵花籽壳	0.82	0.08	1.17		85.9	49.80	60.7
啤酒糟	6.00	0.52	0.03	0.12	82.2	47.70	8.0
高粱酒糟	3.94	0.37	—	0.18	64.0	37.12	9.4
豆腐渣粉	7.16	0.32	0.32	0.46	16.3	9.45	1.3
干　草	1.72	0.11	—	0.92	85.5	49.76	26.0
野　草	1.55	0.41	1.33		80.5	46.69	30.1
麦　麸	2.20	1.09	0.49	0.22	77.1	44.74	20.3
米　糠	2.08	1.42	0.35	0.08	71.0	41.20	19.8
玉米粉	2.28	0.29	0.50	0.05	87.8	50.92	22.3
黄豆饼粉	6.71	1.35	2.30	0.27	78.3	45.42	6.8
花生饼粉	6.32	1.10	1.34	0.33	88.5	51.33	8.1
花生麸	6.39	1.10	1.90	—	49.6	28.77	4.5

　　注:各类农林副产品下脚料的含碳量均按其所含有机质的58%计算。对同一种农林副产品原料来说,由于其产地不同,或收获季节不同,以及检测机构不同等原因,不同检测机构所得出的检测数据均存在一定的差别,但差别不是很大。

表 4-2　常用化肥的主要成分

名　称	主要成分含量 （%）	pH 值	溶解度 （克/100 毫升水）
尿　素	(N)46	—	78
碳酸氢铵	(N)17.5	8.2~8.4	极易溶
氨　水	(N)23	—	极易溶

续表 4-2

名　称	主要成分含量（%）	pH 值	溶解度（克/100 毫升水）
碳酸铵	(N)12.27	8.3	极易溶
硝酸铵	(N)35.0	4.0	194.0
硫酸铵	(N)21.2	4.8	75.7
氯化铵	(N)26.18	5.2	37.2
硝酸钾	(N)13.68(K)38.67	7.0	31.1
石灰氮	(N)34.98(Ca)50.04	12.2	分　解
磷酸二氢钾	(P)9.97(K)22.79	4.5	30.0
磷酸氢二钾	(P)17.80(K)47.88	8.8	极易溶
磷酸钾	(P)14.16(K)55.24	—	微　溶
碳酸钙	(Ca)40.05	9.5	0.0015
石膏	(S)18.62(Ca)23.28	7.0	0.26
硫酸镁	(S)12.95(Mg)19.81	6.8	71.0
过磷酸钙	(P)16.50(Ca)17.50	3.0～3.5	易　溶

四、主要设备

(一)常用机械设备

1. 木材切片机械　木材切片机械用于把木材切成小薄片,每片厚 1～3 厘米、宽 2～4 厘米。常见的有:ZQ-600 型木材枝丫切片机、MQ-700 型木材切片机。此外,还有 800 型、900 型等,其结构与 700 型机相同,惟吞料口径较大。生产上较为实用的是 700 型,内装 2 把刀片,吞料口径为 22 厘米,每台每小时切片 2 000～

3 000 千克。

2. 原料切碎机械　即菇木切碎机,又叫菇木切屑机,是一种木料切片与粉碎一次完成的新型机械。常用的有辽宁朝阳生产的 MFQ-5503 菇木切碎两用机、福建生产的 MQF-420 型菇木切碎机、浙江生产的 6JQF-400A 型秸秆切碎机等,均是近年来新研制的适应代料加工的机械。该型机械生产能力高达每小时 1 000 千克,配用 15～18 千瓦电动机或 11 千瓦以上柴油机。生产效率比原有机械提高 40%,耗电节省 1/4,适用于直径 12 厘米以下的树木枝丫、农作物秸秆和野草等原料的加工。

3. 原料粉碎机械　粉碎机的型号甚多,市场上常见的 MF-40型圆周筛片粉碎机,每台每小时产量 200 千克。该机结构简单,操作方便,适合山区使用。9FS 系列粉碎机,有 9FS-433 型和 9FS-500 型两种,每台每小时产木屑 200～300 千克,适合对木片、树枝、棉秆的粉碎。

4. 培养料搅拌机　拌料机有各种型号,常用的有福建古田县生产的 WJ-70 型搅拌机,每小时可搅拌湿料 1 000 千克。另外,还有福建古田县文彬食用菌机械修造厂生产的新型自走式培养料搅拌机,以及山东枣庄生产的 JB-50 型、JB-100 型食用菌原料搅拌机、河南兰考生产的 JB-70 型原料搅拌机、辽宁朝阳生产的 BLJ-200、BLJ-150、BLJ-100 等型号的拌料机。此外,还可利用装袋机来拌料,即将先加水初混匀的培养料,倒入装袋机内通过旋转螺旋状轴的挤压作用将料拌匀。也可用小麦、水稻脱粒机来拌料。

5. 培养料袋装机　主要用于培养料装袋,常用的有福建古田产 WD-66 型装袋机、辽宁朝阳产 ZDⅢ(Ⅱ)型、河南兰考产 ZD-A型等多功装袋机。配用 0.75 千瓦电动机,用普通电源,生产能力每小时 800～1 000 袋。配用多套口径不同的出料筒,可装不同折径的栽培袋。

6. 装瓶、装袋两用机　常用的有 IDP3 型、ZDP3A 型、JB-180

型的装瓶、装袋两用机。配有 2 种规格套筒和搅龙,配用 0.75 千瓦电动机,生产效率每小时 800 袋,或每小时 400 瓶。适于制种培养料装瓶和栽培袋装料。

7. 菌袋接种机 近年来,国内有些省份生产出了菌袋接种机械,型号颇多。机械可自动完成料袋表面消毒、压扁整形、打穴接种、封口黏合等人工接种过程。二人接种每小时可接种 1 000～2 000 袋,比人工接种提高工效 10 倍以上,接种成功率达 99% 以上。接种深浅、穴距、接种量均匀,全封闭接种室,可在任何环境条件下接种。

8. 耳房增湿控温机 规模化或周年化栽培银耳,应备有温、湿调控设备。这类机械也有很多生产厂家,现介绍两家的产品:一是河南西峡县生产的 PWT-3 型菇(耳)棚温湿调控机;二是浙江宁波市晨雾加湿设备厂生产的离心式增湿喷雾器,可喷出 5～10 微米的超微雾粒,随着微风流动,使耳棚内形成雾化状态,空气相对湿度可控制在 80%～95%,并可降温,对银耳子实体生长有利。

9. 烘干机械或设施 银耳烘干设备,类型很多,既有传统的热风干燥机(干燥房),也有新型的远红外线烘干机等设备,但目前还是以热风干燥方式为主。选用烘干设备时,应采取小型与大型相结合的方式,按照银耳的生产量而定。福建古田县在这方面就做得很好,他们在银耳产量集中的产区,建立若干个大型的烘干加工厂,烘干厂安装有集群连体烘干箱 30～40 个,多的可达 100 个,采用锅炉蒸汽为热源,对银耳鲜品进行脱水干燥。安装有 100 个连体烘干箱的集群烘干箱,每天可加工银耳干品 2～3 吨,年加工量可达 1 000 吨左右,从而可确保菇农的银耳产品及时得到加工。

现仅将常见的银耳烘干机械或设施介绍如下。

(1)常见烘干机

①节能环保烘干机 该机分为单体和连体等型号。其结构简单,热交换器安装在中间,两旁设置 2 个干燥箱或多个干燥箱,箱

内各安置13层竹制烘干筛。燃料既可以用普通的薪、煤,也可以用长过银耳的废菌料,这样不仅解决了废菌袋污染环境的问题,降低了产品加工成本,而且还间接保护了生态资源。2个干燥箱的每台每次可加工鲜耳250~300千克,4个干燥箱的加工数量加倍。

②热水循环式干燥机　其供热系统由常压热水锅、散热管、贮水箱、管道及放气阀门、排湿活阀门等组成。燃料煤、柴均可。烘房内设90厘米×95厘米烘筛80个,一次可摊放鲜耳600千克。烘出的干品色泽均匀、朵型完整、产品档次高,为专业加工厂必备的设备。

③SHG电脑控制燃油烘干机　该机由浙江庆元县菇星节能机械有限公司生产。机体为组合箱体结构,配有电脑程序控制、电眼安全监测、程序贮存记忆、运行状态显示,为国内较为先进的烘干设备。此机采用零号柴油为燃料,薪、油两用,配置进口燃烧机,用0.75千瓦电动机、220伏电源,控温范围0℃~70℃,超温故障双重保护。配烘干筛60个,每次可烘鲜耳500千克。

④换向通风式干燥机　这是中国农业工程院设计的分层摆放、换向通风的大型干燥设备。不仅干燥耳品数量多,而且性能先进,能换向通风作业,克服了垂直通风干燥机的缺点(传统的干燥机、干燥房多采用垂直通风干燥),因此广为采用。

(2)砖砌烘干灶　简称脱水灶,这是按照前述"节能环保烘干机"的结构和原理,建成的一种银耳烘干设施。这种脱水灶采用砖、水泥结构,灶高2米、长2.84米、宽1.22米(含12厘米砖墙)。灶的中间是热源室(高2米,长1.22米,宽0.76米),中间装1台1.1千瓦的600毫米排风扇,排风扇的下面安装热交换器,俗称炉头。排风扇与炉头距离25厘米,热源室两边各设干燥房,高2米,长1.22米,宽1.04米,房内各安装80厘米×90厘米的烘干筛10层,层距20厘米。干燥房顶设排湿口。产热室和两边的干燥房共用墙脚,开有热风口。用木柴或废菌筒作燃料。这种脱水灶也可采用多个烘干房联成一体,以锅炉蒸汽作热源,通过管道把蒸汽输入到各个烘干房,使湿耳脱水干燥。此灶生产效率高、成本低,适合生产规模较大的地区采用。

(3)简易木制烘干箱 简易木制烘干箱,下放煤或炭,并在离地面约45厘米处钉制层架,每层相距15～20厘米,箱内放置6～10层烘筛。箱上端设通风口或通风管,管子出口处装上排气扇,可以很流畅地排除烘干蒸发的湿气。开始烘干时,温度宜控制在35℃左右,经16～24小时即可烘干。

(4)其他烘干设施 烘房也可用蚕区的烤蛾房、烟区的烟炕等来代替或改装。

如前所述,生产、供应上述9大类机械设备的厂家众多,现在再介绍几个单位:河南郑州市博邦机械设备有限公司、河南内黄县昌兴生物机械设备有限公司、福建古田县教学设备厂、福建古田县城关闽武机械厂、福建省古田县顺利食用菌机械制造厂、福建漳州市兴业食用菌机械厂。这几个厂家均可提供上述9大类机械设备中的大部分或全部产品。

(二)灭菌设备

灭菌设备,是用来对银耳的各级菌种培养基、栽培料袋(瓶)及有关器具等进行灭菌的装置,可分为高压灭菌锅和常压灭菌灶两大类。

1. 高压灭菌锅 是利用高温、高压蒸汽来实施灭菌的装置。常见的类型主要有手提式、立式及卧式3种。

(1)手提式高压灭菌锅 其容量较小,仅适用于试管培养基、三角瓶或平皿培养基、无菌水、少量原种培养基及一些小型器具的灭菌,通常用于制作母种和少量原种等(图4-5)。

(2)立式高压灭菌锅 这类锅型号较多、容量较大,可用于菌种瓶、罐头瓶及袋装培养基的灭菌,主要用来生产原种和栽培种等(图4-6)。

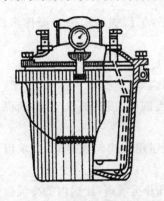

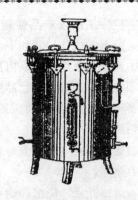

图 4-5　手提式高压灭菌锅　　　　图 4-6　立式高压灭菌锅

（3）卧式高压灭菌锅　这类锅容量大，灭菌彻底，每次可装200～800只甚至更多菌种瓶或料袋（规格17厘米×34厘米），可用于原种培养基、栽培种培养基以及栽培料的灭菌，适宜于大规模生产（图4-7）。

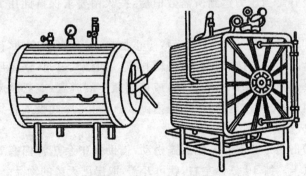

图 4-7　卧式高压灭菌锅

高压灭菌锅应向持有生产许可证的专门生产厂家购买，否则极不安全，易出爆炸事故。平时要注意灭菌锅的维护与保养，经常检查压力表、温度表、安全阀是否正常，定期送有关部门检验校正。

使用前应仔细阅读产品使用说明书,了解锅的构造和操作步骤。一般灭菌锅的操作步骤如下。

①加水　使用前向锅内加水至规定水位。

②装锅　将待灭菌物品装入锅内,但不得装入过满、过紧,瓶(袋)要整齐排放,相互间应留有适当间隙,以利蒸汽流通,确保灭菌效果。

③盖好锅盖　将锅盖对角的旋钮用力均匀地旋紧,要求以不漏气为原则。

④加热升温　烧水开始,立即打开排气阀,让锅内的冷气徐徐排出。当排出的气体为直线上升的蒸汽时,可将排气阀关闭。当压力表指针上升到 50 千帕时,再排气 1 次,让压力表指针回到"0"后关闭排气阀。如果锅内的冷空气未排尽,即使达到规定的压力也达不到相应的灭菌温度,从而不能彻底灭菌(见附录二)。

⑤升压保压　冷空气排尽,关上排气阀后,锅内的压力及温度不断上升。当压力达到所需数值后,按灭菌要求保持此压力一定时间,直至灭菌结束。

⑥降压排气　灭菌结束后,停止加热,使其自然冷却,待压力表指针降至"0"时,要打开放气阀排气。如排气过早,锅内压力骤然下降,易致棉塞冲出和吸潮,或玻璃瓶炸裂脱底,或料袋膨胀变形及崩裂;排气过迟,则产生锅内倒吸气,易将冷气吸入料袋(瓶)内,造成灭菌失败。

⑦出锅　开锅前先使锅盖松动,借助锅中余热将棉塞等吸水物品烘干。待 10 分钟左右,就可开盖,取出已灭菌的物品。

2. 常压灭菌灶　其结构主要包括产生蒸汽的炉灶和放置被灭菌物品的蒸仓(或锅体)两大部分。常压灭菌灶一般由木板钉成或砖、水泥砌成,也可由铁皮或钢板焊接而成,其形状一般为方形,大小和式样可根据生产情况灵活掌握。常压灭菌锅灶安全性好,灭菌容量较大,基质养分不易被破坏,且制作简易、投资较少,可就地取材自己建造,因此在生产中被广泛应用。常压灭菌灶的形式很多,现把常见的具有代表性的几种类型介绍如下。

(1)桶式简易灭菌灶　由200升油桶(汽油桶或柴油桶等)与炉灶两部分组成。制作时,先将桶盖用气焊割下,并修整成圆形,在盖上均匀地钻20个左右的小孔,孔径均为1.5～2厘米,作为蒸架。使用时,在桶底呈三角形,垫放3块24厘米左右高的木块或砖块,搁上蒸架,加水至蒸架的下沿,放入待灭菌的料瓶(袋),使顶部稍凸起,覆膜扎紧后,即可加热灭菌(图4-8)。这种灭菌灶,取材方便,造价低廉,但容量较小,一次可装约160只菌种瓶,适合于初学者或小规模制种和栽培者使用。如能几个桶联用,灭菌的数量也相当可观。

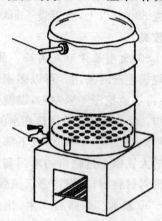

图4-8　桶式简易灭菌灶

(2)小型圆柱形灭菌灶　此灶灶体及蒸仓均由砖、水泥、石灰等材料砌成。灶体长1.8米,宽1.3～1.4米,高0.9米;蒸仓圆柱形,高1～1.2米,内径1.1米。蒸仓底部为一直径90～100厘米的大铁锅。进风槽(也叫出灰槽)高50厘米,宽30厘米;灶门高25厘米,宽50厘米。烟囱可砌在进煤口的对面,其内径约24厘米,高约5米。蒸仓用砖一层层站立砌成,每层砖外围均用铁丝打箍扎紧,内外壁均用石灰、纸筋、水泥三合一的材料抹平,壁厚约7厘米。离顶部约5厘米的地方,用水泥制成一圈支埂,以便扎绳。蒸仓内壁要平整、光滑。锅上面放一铁制或木制的箅子,箅子上垫上麻袋等透气的衬垫,以便置放被灭菌物品(图4-9)。

被灭菌瓶(袋)在蒸仓内的堆叠方式如下:容量750毫升的菌种瓶或12厘米×50厘米的长塑料袋可呈"井"字形堆叠,中间要留有1厘米大小的空隙,以利于透过蒸汽,一次可堆叠菌种瓶350~500只,或料袋500~600只;罐头瓶或17厘米×34厘米的短袋子,可呈墙式堆叠,排与排之间也要留有空隙,一次可堆叠罐头瓶800只以上,或短袋子600只以上。此灶虽容量较大,但成本也较高。

(3)大型长方形灭菌灶 此灶容量更大,但造价也稍高,适合大规模生产时采用。可以多家联用,以节省投资。其建造方法如下:将场地挖深1米左右,以使炉灶的进风槽设在地面以下,便于操作。灶体和蒸仓均用砖和水泥砌成。蒸仓长2~2.6米,宽1.2~1.6米,高1.5~1.8米,其下部并排放置两口直径均为80~100厘米的大铁锅。进物口的木门高1.2~1.5米,宽约0.8米,采用双层密封材料封口,以增强灭菌效果。蒸仓内设3层屉架,层间距离45~50厘米。烟囱高5米,出烟口的上内径24厘米,下内径48厘米。近烟囱处设一高50厘米、宽100厘米的水池,用一根长30厘米的钢管通入锅内,使水池内热水可自行流入蒸仓铁锅内,补充损失的水分(图4-10)。此灭菌灶的堆袋方式,根据料袋尺寸等情况,可呈"井"字形,也可呈墙式堆叠。一般一次可装12厘米×50厘米的长袋子约2000只。

(4)蒸汽炉节能灭菌灶 又叫常压蒸汽灭菌炉,这是由蒸汽炉和框架罩膜组成的常压灭菌灶(图4-11)。蒸汽炉既可外购,也可利用油桶等加工自制。这种方式的蒸汽炉占地面积小,可搬动,能在拌料装袋处就地进行灭菌。同时,产汽量大,升温快,其热能利用率达83%以上,比传统灭菌灶可节省燃料60%以上。灭菌后易散热,便于操作,每次灭菌装料量可多可少,多的3000~5000袋,少的1000袋左右。但灭菌时所需的时间较长,一般需要10小时以上。

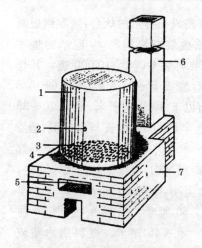

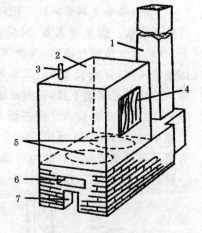

图 4-9 小型圆柱形灭菌灶

1. 蒸仓 2. 加水孔 3. 箅子(蒸架)
4. 铁锅 5. 灶门 6. 烟囱 7. 炉灶

图 4-10 大型长方形灭菌灶

1. 烟囱 2. 蒸仓 3. 温度计 4. 木门
5. 铁锅 6. 灶门 7. 进风和出灰槽

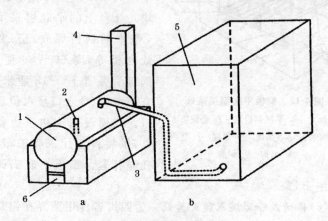

a   b

图 4-11 蒸汽炉节能灭菌灶

a. 蒸汽炉 b. 灭菌箱框

1. 油桶 2. 加水孔 3. 蒸汽管
4. 烟囱 5. 灭菌箱(包) 6. 火门

（5）钢板平底锅灭菌灶 用砖砌成长方形的灶台,装配钢板制成的平底锅。锅上垫木条,料袋重叠装在离锅底20厘米的垫木上,然后罩上薄膜和篷布,一次可装料袋6 000~10 000袋。其灶体规格不同,分别长2.8~3.5米,宽2.5~2.7米,高0.6~0.8米。灶体砌成半地下式,其中地面以下40~45厘米,地上20~35厘米,方便装卸料袋。灶台正面上半部为炉膛,长与灶体同,设2个燃烧口,宽40~43厘米,高55~60厘米,内装活动炉排;下半部为通风道口及清灰坑。灶台对面砖砌烟囱,高度视灶体大小而定,一般高3.5~5米。烟囱内径下大上小,下部36厘米×36厘米至60厘米×80厘米,上部24厘米×45厘米。燃料用木柴或蜂窝煤。蜂窝煤每铁筐装160块,一个燃烧口放2筐,2个燃烧口1次放4筐,共640块。灶台上的平底锅采用厚4毫米的钢板焊成,长、宽与灶台相等,高60~80厘米。锅口沿旁宽12~15厘米,设有加水口、排水口及水位观察口。四周设钢钩和压边紧固件,供袋料装灶罩膜盖布后,扎绳扎紧。钢板平底锅灭菌灶见图4-12。

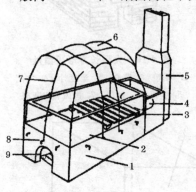

图4-12 钢板平底锅灭菌灶
1.灶台 2.平底钢板锅 3.叠袋垫木
4.加水锅 5.烟囱 6.罩膜 7.扎绳
8.钢钩 9.炉膛

（6）移动式蜂窝煤罩膜灭菌灶 为四川省食用菌界在银耳等食用菌生产中改进的灭菌灶。每灶容量3 000~6 000袋(袋的规格为12厘米×55厘米),造价仅需1 500~2 000元。一次灭菌需耗蜂窝煤200~300块。灭菌效果好,操作方便,其结构见图4-13。

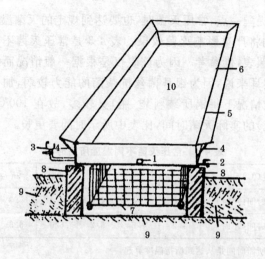

图4-13 移动式蜂窝煤罩膜灭菌灶构造(正面观)

1. 水位观察孔 2. 排污阀 3. 进水阀 4. 边台板撑柱
5. 边台板 6. 立柱插孔 7. 蜂窝煤车 8. 砖石柱(支撑灶体)
9. 地剖面 10. 灶箱体

①灶体构造 用厚5毫米左右的钢板焊1个类似于手扶拖拉机的车厢体,厢体长 1.8～3.6 米,宽 1.6～2.4 米,高 0.3～0.4米,厢体边台板宽 20～30 厘米,边台板与水平面呈 3°～5°夹角,边台板下每隔 40～50 厘米用钢筋焊撑柱若干个,用于拴绳扎紧罩膜;灶体正面设水位观察镜,水位观察镜下缘距灶底不低于 3 厘米;灶体正面设进水阀 1 只,排污阀根据灶体大小可在灶四角各设1 只;灶体内缘每隔 50～60 厘米设钢筋立柱插孔若干个。

②炉膛及煤车构造 根据灶体大小,用钢筋焊制能装蜂窝煤200～400 块的(叠高 3～4 个)安铁轮子的推拉式煤车。炉膛应向地下挖,膛底面要硬化平滑,以便于煤车推拉;炉膛外设可调节进风量的插入式或平移式风门。灶体置于炉膛上,每隔 30～50 厘米设一段缝隙,以便于煤烟逸出。

在此提醒一点,常压灭菌时,也要达到规定的灭菌温度和持续时间,否则将严重影响灭菌效果。表 4-3 是常压灭菌不同温度所需时间对照表,供参考。因为该表仅是根据一般情况而统计的结果,对于银耳来说,因为银耳菌丝抗杂菌的能力较弱,加上常压灭菌时,多数情况下每锅所装料袋(瓶)又较多,故在 100℃ 左右,银耳料袋(瓶)的实际灭菌时间,比表中所示时间要更长。

表 4-3　常压灭菌不同温度所需时间

温度(℃)	100	99	98	97	96	95
杂菌死亡时间(小时)	3.0	3.3	4.0	4.4	5.3	6.3
灭菌所需时间(小时)	4.2	4.5	5.2	6.0	6.5	7.5

注:灭菌所需时间是从达到所指温度算起。

(三)无菌操作设备

无菌操作设备又叫接种设备,是用来分离、扩大、转接银耳各级菌种的专用设备。常用的有接种箱、接种室、塑料膜接种罩等。

1. 接种箱　又叫无菌箱,用于银耳菌种分离和菌种扩大、移接,无菌操作,是接种使用的基本设备。根据生产需要,分单人操作式和双人操作式两种(图 4-14)。

双人接种箱体积较大,除了接种母种、原种外,还可接种栽培种和生产袋。双人式接种箱的前、后各有 1 扇约呈 70° 倾斜、能启闭的玻璃窗,窗下箱体上开有两个圆孔,孔径 15～17 厘米,两孔中心间距 40～50 厘米,孔上装有布袖套,袖口有松紧带。如在孔外设置能推移开关的小门效果更好。箱内顶部各安装 1 支 15 瓦或 30 瓦的紫外线灯和 1 支 40 瓦的日光灯,一是利用紫外线灯照射杀菌,二是利用日光灯照明。顶外部两端各打 1 个直径 8～10 厘米的圆孔,封上口罩式的棉纱布,以利于补充箱内的氧气及箱内的热能散发。接种箱内外各面应刨制光滑并涂上白漆,箱体各接缝

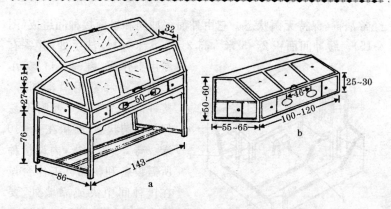

图 4-14 接种箱 （单位：厘米）

a. 双人接种箱 b. 单人接种箱（为了简化，箱腿未画出）

处要严格密封。另外,可在箱的底部一侧边缘挖一个边长为 10 厘米的正方形口或直径 10 厘米的圆形口,用一块可推拉的活动木板挡着,以用于清扫箱内垃圾。双人式接种箱的箱体长 140～160 厘米,宽 80～100 厘米,高 75～85 厘米,箱腿高 65～80 厘米。

单人接种箱的体积小,适合于母种和原种的接种操作,其结构与双人式基本相同,通常体积相差一半,仅在一侧设窗、开孔,其箱体长 100～120 厘米,宽 55～65 厘米,高 50～60 厘米,箱腿高 65～80 厘米。

接种箱的消毒,可用福尔马林＋高锰酸钾进行混合熏蒸 30～40 分钟;最好采用气雾消毒剂消毒。在消毒的同时或消毒之后,若用紫外线灯照射 30 分钟则更好。如只是少量的接种工作,则可在使用前喷 1 次 5％苯酚溶液,并同时用紫外线灯照射 20 分钟即可。紫外线灯照射期间,人员不要在场,以免对人的眼睛及身体造成伤害。

2. 接种室 又叫无菌室或操作室,用于分离、移接母种、原种和栽培种,一般大规模生产时采用。接种室要求密闭,空气静止;

经常消毒,保持无菌状态。它由外面缓冲间和里面接种间组成(图4-15)。缓冲间面积 2～3 米², 高 2～2.5 米,内设洗手处,并备有专用工作服、鞋、帽、口罩、小型喷雾器和常用消毒剂等。接种间不宜过大,否则不易保持灭菌状态;面积在 6～10 米²,高 2～2.5 米,内设接种所需设备和物品。工作台设在接种间中央或靠墙处,要求水平、光滑。通气窗设在室内顶上部,窗孔直径 10～15 厘米,并用多层棉纱布夹棉花严封。有条件的可安装空气过滤器。接种室要能密闭,室内要平整、光滑,以便擦洗消毒。里、外两间的门应错开方向,不在一条直线上,以免开启时产生空气对流。最好采用铝合金推拉门。有条件的情况下,可同时建两个以上的缓冲间,无菌效果会更好。接种间的门

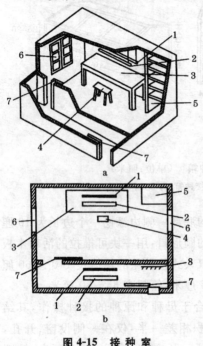

图 4-15　接种室

a. 剖视图　b. 平面图

1. 紫外灯　2. 日光灯　3. 工作台　4. 凳子
5. 瓶架　6. 窗户　7. 拉门　8. 衣帽钩

应设在离工作台最远的位置。工作台上方和缓冲间各安装 1 支 30～40 瓦紫外线灯和 40 瓦日光灯,用于灭菌和照明。紫外线灯灯管与台面相距约 80 厘米,勿超过 1 米,以加强灭菌效果。使用前要先用紫外线灯照射消毒 15～30 分钟,或用 5% 苯酚、3% 来苏儿溶液喷雾后再开灯灭菌。空气消毒后经过 30 分钟,送入准备接种的培养基及所需物品,再开紫外线灯灭菌 30 分钟。接种时,

紫外线灯要关闭,以免伤害工作人员的身体。

接种室灭菌时,为避免对人体造成危害,一般不用甲醛等刺激性药剂,而是用碘伏及紫外线灯等进行灭菌;若用甲醛等刺激性药剂,熏蒸(或喷洒)过后,必须打开门窗基本散净毒气后,再用2‰～3‰来苏儿溶液等刺激性小的药剂喷雾消毒,然后才能进行接种。如果采用接种箱、超净台、火焰或蒸汽接种,接种室就不需另隔缓冲间。

3. 塑料膜接种罩 又叫接种帐等,可用塑料薄膜和竹竿或木材制作而成,作为简易接种室。它制作简便,成本低,可移动,能在普通房间等不同场所进行接种操作。对于无接种箱和接种室,而且生产量又较大的生产者,采用此罩进行接种操作,十分方便。

①制作方法　用竹竿或木条制成一个长方体或正方体的框架,宽为2～3米,长为3～4米,高约2米(图4-16)。大小可根据接种量多少决定,但也不宜太大。如接种罩的体积过大,消毒杀菌药物用量较多,还不易创造无菌的环境。框架要求牢固,表面要光滑无尖状物,以防刺破塑料薄膜。框架制好

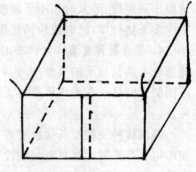

图4-16　塑料膜接种罩

后,在其上罩一个无缝隙的塑料薄膜,四周用沙袋或木板压住塑料薄膜,即成为一个接种罩。将接种罩放在干净的水泥地面上,若地面为土地面,应先在地面上铺上彩条编织布或较厚的干净塑料薄膜,以便于打扫卫生和进行消毒杀菌处理。另外,也可用宽7～8米、长9米的薄膜,在中部适当位置捆扎四个角,悬挂后即成。

②使用方法　将灭菌的料袋冷却后,堆码整齐,放上接种罩。

杀菌处理后,再进行接种操作。杀菌方法同常规,既可用高锰酸钾与甲醛混合熏蒸杀菌,也可用气雾消毒剂熏蒸杀菌。气雾消毒剂与甲醛相比,杀菌效果一样,但气雾消毒剂的刺激气味较甲醛小。因此,用甲醛进行杀菌时,要待甲醛气体散去,无太大的刺激气味后,才可进行接种操作。此外,还可采取喷雾来苏儿液或新洁尔灭液进行杀菌处理。无论采用何种杀菌方法,用药后均不宜立即进行接种操作,需过 1 小时左右,待药物刺激性气味散去后,才能进入进行接种操作。另需注意,在夏、秋高温季节,一定要等料袋完全冷却至室温后,才可进行接种操作。要防止接种罩内温度上升过高,无法进行接种操作。每次接种结束后,搬出菌袋,打扫卫生,再进行下一次接种操作。在大型室内接种培养菌袋的,每次接完种后,只需移开接种罩,菌袋可就地堆码发菌。如接种罩上的塑料薄膜出现裂缝,要及时用不干胶胶布贴住。为了提高效率,可一次制作多个接种罩,同时或轮换使用。

4. 蒸汽接种装置 水沸腾时产生的热蒸汽在上升和扩散时,能把含有杂菌孢子的自然空气排开,在蒸汽中心附近形成一片小范围的无菌区。在蒸汽形成的无菌区域内接种的方法就叫蒸汽接种法。

蒸汽接种法需配备接种室和蒸汽发生装置。接种室用一般房间即可。蒸汽发生装置有两种设计方法,一种设在室内,一种设在室外。室内装置由火炉、烧水容器、操作台组成。火炉可用煤球炉或电炉,容器可用中型或大型铝锅代替。锅中放入适量清水,再放上算子,算子上放置消过毒的接种工具。操作时,锅盖拿掉,敞开锅,在锅上方蒸汽无菌区内实施接种。室内装置设置简便,但接种量较小,只适于少量菌种移接。室外装置由火炉、容器、送汽管和操作台等组成。火炉、容器设在室外,操作台设在室内,送汽管用于连接容器和操作台。容器可用普通铝锅或家用压力锅,送汽管可用塑料管或橡皮管。在锅盖上开一个和送汽管口径相吻合的圆孔。送汽管的一头插入圆孔中固定密封好,另一头伸进接种室。接种台面板中央开一个直径10~15厘米的圆孔,送汽管的一端就用固定架固定在圆孔中心下方5厘米处。锅内加水燃烧产生的蒸汽通过送汽管由台面圆孔内喷出,即可进行接种操作(图4-17)。室外接种法接种量较大,适宜于大规模生产。

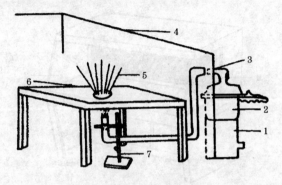

图4-17 蒸汽接种装置
1. 煤炉 2. 压力锅 3. 皮管 4. 墙壁
5. 蒸汽 6. 操作台 7. 固定架

接种前,先将室内打扫干净,然后关闭门窗,减少空气流通,再向空中喷洒清洁水雾,让空气中飘浮的杂菌孢子自然沉落。接种时需要两人配合,一人负责移接菌种,另一人负责被接种的瓶(袋)开口和封口。在接种过程中,所用物品必须置于蒸汽出口上方10~20厘米高度的蒸汽范围内,并要注意防止蒸汽烫伤菌种块或双手。

蒸汽接种法,设备简易,操作方便,无菌程度较高,接种质量可靠。由于菌种得到无菌蒸汽的湿润,比在酒精灯上接种恢复得还快。另外,蒸汽接种法不使用化学药品,还可使接种人员和菌种免受杀菌药物带来的不良影响。但此法接种的成品率比常规的箱内接种稍低,在高温季节也不宜采用。而且在一个接种室内也不能连续长时间操作,以免引起一氧化碳中毒。有鉴于此,最好将室内接种改为在卫生、干净、避风的棚下进行。

5. 超净工作台 又称净化工作台或净化操作台,是目前国内外先进的空气净化设备(图 4-18)。按操作方式分,则有单人操作、双人对置操作和双人平行操作等几种。

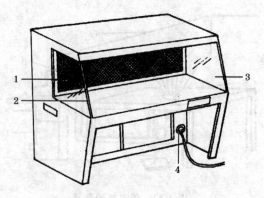

图 4-18 超净工作台
1. 高效过滤器 2. 操作台 3. 侧玻璃 4. 电源

与常见接种设备相比,超净工作台的先进性、可靠性主要表现在洁净度高,接种效果好,正品率高,可连续作业等方面。同时,因洁净空气不断向操作区排出,室内空气不断得到过滤,因此随着操作时间的延长,室内自净效果越来越好。

为提高超净工作台的使用效果,延长其使用寿命,应注意以下事项。

第一,超净台应设置在洁净、明亮的室内,并安装紫外线灯。室内地面采用水磨面或涂刷地板漆,四周墙壁应涂上仿瓷涂料或油漆,保持光滑、无尘;尽力保持室内相对静止;工作服及帽子应选用沾尘量小的布料制作。

第二,室内需保持干燥,空气相对湿度控制在 60% 以下,梅雨季节应放置生石灰吸潮,以免高效过滤器在潮湿环境中滋生真菌而失效。

第三,配电系统有三相、单相两种。接电时应按正确相极安装,避免风机倒转而失效。如有条件最好安装稳压器,以防电压忽高忽低,烧坏电机或达不到预定的风量、风速,而达不到无菌的效果。

第四,操作台(即出风口)上应尽量少放置与接种无关的器具和物品,以免阻碍出风口的正常气流或产生涡流而带菌。

第五,操作前,先用新洁尔灭或来苏儿等消毒剂拭抹操作台面,切忌向操作区直接喷雾。室内空间可喷雾杀菌。然后接通电源,按下通风键钮,同时开启紫外线灯约 30 分钟即可开始接种。接种时,把紫外线灯关掉。

第六,接种工具应常规酒精灯火焰灼烧灭菌,或用几层纸包扎灭菌后使用。

第七,超净台在连续使用的情况下,要每年向厂家邮购同型号的空气过滤器,按照说明书自行更换。将新过滤器粘贴在箱体前面的进风口上,连续使用 2～3 个月后,应取下用洗洁精或皂液洗净,以黏胶重新贴封,最好再更换新的。

6. 臭氧净化器　又叫电子灭菌器或电子超净台,是一种新型高效的灭菌装置(图 4-19)。它以空气为原料,把空气中的氧气变成具有强氧化作用的臭氧。臭氧是一种广谱杀菌剂,可杀死细菌的繁殖体和芽孢、病毒以及真菌等。空气中少量的臭氧有益于人体健康,但浓度过多会刺激人的呼吸及神经系统,对菌种也不利。因此,臭氧灭菌后要间隔 30～60 分钟的自然

图 4-19　臭氧净化器

分解时间才能进行接种。

采用臭氧净化器不需接种箱、接种室,普通房间内就可以放在桌面上操作,在机前接种不受任何条件限制,工效提高3～5倍,接种成功率几乎可达100%,无须任何化学药品。

7. 接种工具 指进行银耳菌种的分离、移接时所用的工具(图4-20)。这些工具,除个别的需购买外,大多数还可以自己制作,而且一般自制的更适用。制作材料可选用自行车或三轮车辐条、旧电炉丝、不锈钢电焊条等,以用不锈钢电焊条制作较理想。

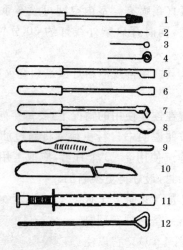

图 4-20 接种工具

1. 接种棒 2. 接种针 3. 接种环 4. 接种饼
5. 接种刀 6. 接种铲 7. 接种锄 8. 接种匙
9. 镊子 10. 解剖刀 11. 弹簧接种器 12. 玻璃刮刀

(1)**接种棒** 用于固定自制的接种针、接种环、接种饼等。由金属杆、胶木柄和前端螺母组成。医药仪器商店有售。

(2)**接种针** 用于挑取细小菌落或孢子等。可取废旧细电炉丝8～10厘米长,拉直、磨光,安装在接种棒上。如无专用接种棒,可用细钢丝将接种针固定在适当粗细的钢丝或自行车钢丝上。

（3）接种环 用于分离转管，或蘸取孢子悬液在斜面、平板上拖制、分离。将接种针的先端用尖嘴钳弯制1个圆圈即成。

（4）接种饼 用于蘸取孢子，抖落于斜面或平板上。将接种针的先端用尖嘴钳缠绕成圆形扁平状即可。

（5）接种刀 用于纵切斜面菌种和挑取菌丝体转管，也可用于组织分离时挑取、移接组织块等。可取长25厘米左右的不锈钢丝或除去外层焊药的不锈钢电焊条，一端烧红捶扁，砂轮打磨成菜刀状，刀口和前端要求薄而锋利，两边均留有刀刃。钢丝后端安装树脂柄或胶木柄。

（6）接种铲 用于挑取子实体组织块，或用于挑铲斜面或平板母种进行母种转扩，或用于母种转接原种。可取长约25厘米的不锈钢丝或除去外层焊药的不锈钢电焊条，将其一端烧红捶扁，砂轮打磨成铲状，前端要薄而锋利。在钢丝后端安装上树脂柄或胶木柄即可。若是用于原种转接栽培种或栽培种接种栽培袋（瓶）的接种铲，则要用直径为6～8毫米的钢筋或不锈钢棒等来制作，其长度约为28厘米。

（7）接种锄 用于横切斜面母种，或直接切断母种斜面移接入原种料瓶内。也可用于刮除菌种表面的老化菌丝、子实体原基等。取长约25厘米的不锈钢丝或除去外层焊药的不锈钢电焊条，将其一端烧红捶扁，砂轮打磨成铲状，前端刀刃要锋利；在火炉上烧红后，将前端弯曲成90°角，使之呈锄状。在钢丝后端安装上树脂柄或胶木柄即可。若是用于原种转接栽培种，或用于栽培种接种栽培袋（瓶）的接种锄，则要用直径为6～8毫米的钢筋或不锈钢棒等来制作，其长度约为28厘米。

（8）接种匙 将长约25厘米的去掉焊药的电焊条的前端烧红，捶打、锉磨成匙状，装上柄即成。用于木屑或颗粒母种扩制原种等。原种扩制栽培种，或栽培种接种栽培料袋（瓶）时，应采用大接种匙。它可用市售不锈钢匙和铝管制作。将不锈钢匙留3~5厘米长的柄,另取直径8毫米、长约25厘米的空心铝管1根,从一端纵锯入3~5厘米长的锯口,再将匙柄稍加修整后,插入锯口内,将铝管捶扁,用2个铆钉固定即成。匙宽以能自由进出银耳瓶口为度,匙的四周要锉锋利。

(9)镊子 长约25厘米、前端带齿的不锈钢长柄镊子,可代替接种铲、接种锄或接种匙,捣碎菌种,及夹取菌种块接入栽培种料袋(瓶)或栽培料袋(瓶)内。不锈钢小镊子也需备几把,用于分离菌种时夹住耳片等。

(10)解剖刀 又叫手术刀,或单面刀片等。由不锈钢刀柄和刀片组成,刀片有几种形状,并可更换。用于菌种分离时切割组织块或削取段木基内菌丝等。

(11)弹簧接种器 又叫接种枪等,是用聚丙烯和金属材料等制成的专用接种工具,有几种不同的样式。常用于栽培种料瓶及栽培料袋(瓶)的打穴(孔)接种等,在银耳生产中使用较普遍。

(12)玻璃刮刀 又叫玻璃推棒。由直径约6毫米的玻璃管烧制而成,用于在平板培养基上拖刮孢子和菌种等。

除以上常见工具外,还有多功能接种机、拌料器、压料器、注水针等接种机械、工具及培养基(料)补充水分或营养的器具等。

(四)其他用具及设备

在银耳的制种及栽培过程中,除以上介绍的主体设备外,还要配置若干配套或辅助的用具及设备,现择其重要者列举如下。

1. 酒精灯 用于接种工具、试管口、瓶口的灼烧灭菌和棉塞的过火灭菌。

2. 玻璃试管 用于制作或保藏母种。常用的有4种规格,均不要翻口的:18毫米(管口直径)×180毫米(管长)及20毫米×200毫米,用于常规制种或菌种保藏;15毫米×150毫米,用于常规制种,有时也用于菌种保藏;10 毫米×100 毫米,多用于野外采集菌种。以上各类试管,可根据需要选用,备一定数量。

3. 三角烧瓶　又叫锥形瓶,用来制备母种培养基和无菌水等。常用规格为 100 毫升、250 毫升、500 毫升等。可备一定数量。

4. 培养皿　放置子实体、采集孢子或注入培养基,分离培养菌种等用。一般有 3 种规格:直径 15 厘米,可在内放置若干载玻片,作孢子发芽用;直径 9 厘米,常用于分离培养,此种规格用量最多;直径 6 厘米,多用于野外采种。可据需要选购。

5. 磨口瓶　又叫白料瓶,用于盛装 70%～75%消毒用酒精棉球等。可备若干只。

6. 广口瓶　用于盛装酒精等药品,或盛装酒精棉球等。可据需要选用。

7. 计量器具　天平(500 克)、磅秤(5～500 千克)、量筒或量杯(10、25、50、100、500、1 000 毫升等)、温度计与湿度计。

8. 铝锅与电炉　用于母种培养基的配制和加热,以及污浊试管的洗前预煮。铝锅大、中型各需 1 只,电炉功率为 2 000～3 000 瓦。

9. 漏斗架　灌制母种培养基的装置,由口径约 10 厘米的长颈玻璃(或塑料)漏斗、乳胶管、弹簧夹、玻璃管、铁架台和铁环等组成,高度可自行调节。

10. 普通棉花、纱布和脱脂棉　普通棉花用作试管塞和菌种瓶塞等;纱布用来过滤母种培养基液等;脱脂棉主要用来制作酒精棉球。

11. 菌种瓶　有玻璃瓶和塑料瓶两大类。主要用于制作原种、栽培种。另外,500～750 毫升的罐头瓶也可用于瓶栽银耳。

12. 栽培袋　聚乙烯袋和聚丙烯袋均可用于制作银耳栽培用料袋,常见规格为 12～17 厘米(折径宽)×33～55 厘米(长)×0.002～0.006 厘米(厚)。

13. 恒温培养箱 用于恒温培养菌种。

14. 电热烘箱 用于干燥法测定含水量,以及玻璃器具的干热消毒灭菌等。

15. 电冰箱 在高温季节及平时,用于保存银耳菌种。

16. 其他用具 烧杯、试管架(框)、玻璃棒、胶布(纸)、牛角勺、水果刀、小铝杯、钟罩、搪瓷盘、塑料盆、pH 试纸、记号笔、铅笔、笔记本、标签纸、火柴、生物显微镜、喷雾器、工作服、鞋、帽、口罩、毛巾等。

五、常用药剂

银耳生产过程中常用的药剂包括消毒剂、杀菌剂及杀虫剂等。消毒剂是非彻底杀菌的一类药剂,通过消毒只能杀死部分杂菌,而细菌的芽孢、真菌的厚垣孢子等,有些并未被杀死,而是处于休眠状态,暂不发生危害;杀菌剂则是可较彻底杀灭杂菌及病原菌的一类药剂,其杀菌效果要强于消毒剂;杀虫剂是用来杀灭银耳害虫、害螨等的一类药剂。

(一)消 毒 剂

1. 酒精 即乙醇,杀灭对象为细菌和真菌。用法:先将脱脂棉揪成小棉团,放入密封性好的瓶中,倒入 70%~75%酒精湿润棉球,使用时可直接取酒精棉球。常用于手、菌种管(瓶、袋)的外壁、接种工具和组织分离时耳(菇)体表面的擦拭消毒等。消毒要选医用酒精,工业用酒精含有甲醇,具毒性,不可用于消毒。酒精易燃,遇明火、高热能引起燃烧爆炸,存放和使用时要注意安全。

2. 苯酚 又名石炭酸,杀灭对象为细菌、真菌等。常用浓度为 3%~5%的水溶液,主要用于接种室(箱)和培养室的环境喷雾消毒,以及菌种瓶(袋)外壁的清洗消毒。苯酚对金属无腐蚀性,但对皮肤有较强的腐蚀作用,使用时应戴上塑料手套,避免其固体或浓溶液沾到皮肤上。在5%苯酚溶液中加入0.9%食盐或20%的0.01摩尔/升的盐酸溶液,可增强其杀菌作用。苯酚存放时要密封、避光,吸湿后的杀菌力不减。

3. 来苏儿　又称煤酚皂溶液或甲酚皂溶液。来苏儿能杀灭细菌营养体、真菌和某些病毒,常温下对细菌、芽孢无杀灭作用。其杀菌能力比苯酚强4倍。1%～2%来苏儿溶液可用于双手消毒(浸泡约2分钟);2%～3%来苏儿溶液可用于环境喷洒消毒和器皿消毒(浸泡约1小时)。来苏儿的腐蚀性大,原液未经稀释不能接触皮肤。在来苏儿溶液中加少量食盐或盐酸,有增效作用。

4. 新洁尔灭　别名苯扎溴铵。新洁尔灭杀菌能力强,对细菌、真菌都可杀灭。主要用于对双手和不能遇热的器皿、用具的擦拭消毒,浓度一般为0.1%～0.25%,但杀菌时间短,需随配随用。本品对皮肤有脱脂作用,操作时双手应注意保护。忌与肥皂、肥皂粉等接触;稀释用水质不能过硬,否则影响消毒效果。

5. 漂白粉　又名次氯酸钙。漂白粉杀菌力强,杀灭对象为细菌、真菌及线虫等,是耳(菇)房和制种常备的消毒剂。0.3%～1%漂白粉混悬液用于空间喷雾消毒,或用于洗刷接种室、床架,或用于浸泡材料、工具等。室外建堆和露地栽培时,若地面潮湿,可直接用漂白粉喷撒,每平方米用量20～40克,可控制土壤中细菌、真菌及线虫等。漂白粉液稳定性差,要随配随用。若在其水溶液中加入与漂白粉等量或半量的氯化铵(或硫酸铵、硝酸铵),可提高其杀菌作用。漂白粉对物品有漂白、腐蚀作用,操作中要注意皮肤、眼睛及衣服的防护。

6. 石灰　常用消毒剂,其杀菌作用较强。石灰分生、熟2种,使用时最好选用生石灰,其消毒效果更好。杀菌时,可用生石灰粉压盖被杂菌污染的料面,或用3%～6%石灰水喷洒料面,以杀除料面杂菌。在银耳培养料中添加0.5%～1%生石灰粉,既有利于菌丝生长,又可抑制杂菌的发生。3%～6%石灰水也常用于喷洒墙壁、地面,进行环境消毒。另外,还可将生石灰粉用于接种室门口石灰封门,或培养室内放置除潮,或菌种瓶棉塞及培养架撒放防潮等。

7. 过氧化氢 俗称双氧水,防治对象为真菌、细菌等。贮存时可加入少量乙酰替苯胺等作为稳定剂加以控制其氧化分解。常用作器皿、用具及皮肤的表面消毒,使用浓度为0.2%～0.5%。

8. 洁霉精 本品是一种高效、广谱、快速,对人体安全和食用菌生产无公害的消毒杀菌剂,广泛应用于农、畜业与食用菌栽培业。在0.01%的浓度下,20分钟内对各种真菌的杀灭率达99%以上。将本品加入培养料中,在温度80℃以上、30分钟内即分解成易于被食用菌吸收的无机营养肥,可有效地促进菌丝生长,提高产量。用法:一是拌料,每包40克(内有2小包)加清水200～250升,溶解后拌入培养料中即可装袋,可防止培养料酸变,能有效抑制菇耳发菌期杂菌污染;二是喷洒,每包40克(2小包)加清水40～50升,用于清洗、喷洒栽培房空间、地面或架床,5分钟即可杀灭各种杂菌;三是涂擦,用于处理因真菌引起的烂耳、烂菇等,配用量同喷洒。涂擦受害部位和采收后的患处,可控制病害蔓延。使用时要注意,不能用铜、铝容器装本品溶液,贮运过程中不可与强酸、碱铵类物品混装混运。本品宜现配现用。

(二)杀菌剂

1. 甲醛 又称蚁醛,有机杀菌剂。甲醛有强烈的杀菌作用,在银耳生产中主要用于接种箱(室)、培养室和耳房(棚)等的熏蒸或喷雾消毒等。使用时,如有白色沉淀,可将瓶置于热水中浸泡摇动(冬季气温低时)或加几滴硫酸使其溶解。甲醛对人的眼睛、呼吸道、皮肤等刺激性较强,使用时要注意防护。

2. 高锰酸钾 又名灰锰氧等,强氧化型杀菌剂,为深紫色晶体、耐贮存。能溶于水，溶液呈紫红色。其杀灭对象主要是细菌和线虫，对多数真菌无效或低效。使用浓度为 0.1%～0.2%。常用于床架、地面、器皿、用具、菌种容器外壁和手的表面消毒灭菌等。配制水溶液时不能用热水，最好用凉开水。其水溶液易分解，配制好后的水溶液，其消毒作用只能保持 2 小时左右，故应随配随用。手和物品被高锰酸钾溶液沾染着色后，用维生素 C 片来擦洗，可去色；也可用草酸或亚硫酸去除。此外，高锰酸钾和甲醛混合后，可产生甲醛气体对环境进行熏蒸杀菌。

3. 多菌灵　又名棉萎灵等，广谱性内吸性杀菌剂。对人、畜低毒，残效期约 10 天。多菌灵不能直接杀菌，但有很强的抑菌作用。可用于多种真菌类杂菌的防治，但对毛霉、根霉、链孢霉等无效。多菌灵对银耳的菌丝有伤害，在银耳栽培中，不能用其拌料，也不能让其沾染银耳菌丝和子实体。栽培期间可用 50% 粉剂 1 000 倍液喷雾，用于防治木霉等病害。用于环境喷雾杀菌时，应配制成 0.25% 的水溶液使用。多菌灵的化学性质稳定，但不能与铜制剂和碱性物质混合使用，否则会分解失效。要避免长期单独施用，可与苯菌灵、甲基硫菌灵等交替施用，以防病菌产生抗药性。

4. 苯菌灵　又名苯来特等，广谱内吸性杀菌剂。对多种真菌性病害有防治效果，常用作病害防治剂。商品剂型为 50% 可湿性粉剂，常稀释为 800～1 000 倍液在银耳栽培空间喷雾，防治杂菌病害。

5. 甲基硫菌灵　又名甲基托布津等，广谱性内吸杀菌剂。对人、畜低毒，残留量少，不产生药害。化学性质稳定，可防治多种真菌性病害，用于环境和菌床局部杀菌。

6. 百菌清　又名达克宁，有机氯杀菌剂。在常温下性质稳定，无腐蚀性，对人、畜低毒。用 75% 可湿性粉剂稀释 600～1 200 倍喷洒耳床及耳片，可防治木霉等病害。在发病初期喷 1 次，以后每隔 7～10 天喷 1 次。本品对皮肤和黏膜有轻微刺激，施用时要注意眼睛和皮肤的防护。避免与石硫合剂混用。

7. 硫磺 保护性杀菌剂和杀螨剂。淡黄色结晶或粉末,易燃,通过燃烧时产生的二氧化硫气体而杀菌、杀螨、杀虫。常用于接种室、发菌室和耳房熏蒸消毒,用量为每立方米 10～15 克,密闭熏蒸 24 小时。因二氧化硫气体比重大,挥发过程中会下沉,所以焚烧硫磺的容器宜置较高处,以利气体均匀扩散。银耳发菌及栽培期间,不宜用硫磺熏蒸消毒,否则既伤害银耳菌丝,又易引起青霉等嗜酸性病原菌的滋生。二氧化硫是有毒气体,应避免接触。

另外,硫磺分为工业级硫磺和食品级硫磺,银耳等食用菌栽培中所用的大都是工业级硫磺,毒性更大,但即使是食品级硫磺,也是仅限用于制糖漂白等少数食品加工业,且对硫磺的用量用法、残留量均有严格要求和限制。在干制银耳时,有人为了漂白、甚至以次充好等目的,用硫磺(而且多是工业级硫磺)熏蒸银耳,食用这样的银耳会对人体造成严重伤害,因而用硫磺(即使是用食品级硫磺)熏蒸银耳,是国家法律严格禁止的。

8. 碘伏 又称强力碘等,广谱性杀菌剂。碘伏抗菌谱广,杀菌力强,对细菌、真菌、病毒及线虫均有强烈的杀灭作用,且使用浓度低,无毒,无残留,对皮肤和黏膜无刺激,残液容易用水洗掉。在银耳等食用菌的生产过程中,碘伏除直接用于防治杂菌外,还主要用于接种箱(室)、培养室、栽培室的空间灭菌以及各种机具、器材的表面灭菌。含有效碘 16% 的原液的施用浓度(加清洁水稀释)是:洗手 20 毫克/升,毛巾、容器 20 毫克/升,器具 50～80 毫克/升,机械设备 20～200 毫克/升,墙壁、地板、空间 50～320 毫克/升。要随配随用。碘伏原液应在室温下避光保存。

9. 烧碱 又名氢氧化钠,是一种强碱,具有较强的腐蚀性。常用于培养室及出耳场所的环境杀菌,同时也使环境成碱性来抑制杂菌生长繁殖,减少杂菌污染。用法:制成 2%～3% 烧碱溶液,在环境中喷雾进行杀菌处理。烧碱液以现配现用为好。如没有用完,可将烧碱液装入玻璃瓶中,但瓶口不能用玻璃瓶塞,否则会黏合在一起,无法打开瓶盖。喷雾时要穿上雨衣,防止碱液洒在衣服上,造成衣服破损。使用结束后,喷雾器要立即用清水冲洗干净,以免碱液对喷雾器造成腐蚀。

10. 波尔多液　是用硫酸铜和石灰乳配成的杀菌剂。新鲜的波尔多液呈天蓝色,为碱性悬浮液。配方通常有石灰等量式、石灰倍量式和石灰三倍式 3 种,其硫酸铜、生石灰和水的比例(重量比)分别为 1：1：100、1：2：100、1：3：100。配制时,先用总水量10％的水把石灰制成石灰乳,再用总水量 90％的水把硫酸铜溶解成溶液,然后把硫酸铜溶液慢慢倒入石灰乳中,边倒边强烈地搅拌,最后生成天蓝色波尔多液。该液配好后要立即使用,不能久存。其主要起防病保护作用,能控制多种银耳病害,常用于空耳房、床架的消毒,如耳房四壁和旧床架可用石灰倍量式或石灰三倍式波尔多液洗刷、浸泡或喷雾;栽培期间床面无耳时,可用等量式波尔多液喷雾防治病害。波尔多液的使用时机要选在病害发生前或发病初期,方能收到较好的效果。

11. 气雾消毒剂　是一种新型烟雾熏蒸型杀菌剂,其产品有"菇保一号"和"气雾消毒盒"等类型。对银耳生产中常见的多种杂菌如链孢霉、木霉、青霉、黄曲霉等都有很强的杀灭作用,杀菌效果可达 99.9％。用量少,使用方便,又无强烈的刺激性气味,可用其代替甲醛。常用于接种箱(室)和培养室内的熏蒸杀菌。用法:每立方米空间用量为 2～4 克(根据环境情况,有时每立方米空间的用量可超过 4 克),用火或烟头点燃塑料包装袋,即可产生出大量的白色烟雾,弥漫在整个空间,从而对环境中的杂菌进行杀灭。用于接种箱时,大约熏蒸处理 30 分钟,就可进行接种操作。用于接种室时,烟熏后再过 30 分钟,人员方可入室操作。如氯气味太重,可在口罩内衬一片消氯巾。此外,还可配制成 1：2 000～3 000 倍的水溶液,进行清洗和喷雾杀菌。该药剂氧化力很强,室内金属部件应涂油保护后再进行烟熏。药剂应置于阴凉、干燥处保存。

12. 金星消毒剂 一种广谱、高效、快速、无副作用的新型消毒剂。对病毒、细菌有很强的杀伤力，在 1~5 分钟杀灭率几乎可达 100％，且对人体无刺激，无异味，无副作用。该剂用于银耳生产，对木霉、青霉、毛霉、根霉及细菌的防治效果，明显优于新洁尔灭、甲醛、苯酚和多菌灵等。用法：进行接种箱(室)、培养室、耳房消毒，用 40~50 倍溶液喷洒；在栽培期间防治杂菌，用 40~50 倍水溶液浸纸覆盖或注射；用 30~50 倍水溶液处理菌棒或菌袋表面，也能预防杂菌发生。金星消毒剂为非金属消毒剂，对金属具有腐蚀作用。该剂既不能用以进行高压灭菌处理，也不宜与其他化学物质相混合，否则会影响杀菌效果。

13. 得克斯消毒散 烟熏、水溶喷雾两用消毒剂。可用于耳房的消毒灭菌，对各种真菌、细菌的杀伤力几乎可达 100％。该产品性状稳定，使用方便，用火柴点燃或水溶解后喷洒即能起杀菌作用。用法：空气消毒，每立方米空间用 5 克烟熏，或用 0.3％~0.5％的水溶液喷雾；接种箱(室)及器材消毒，每立方米空间用 3~4 克烟熏；菌袋、菌块、菌种瓶出现杂菌时，用 0.5％的水溶液注射。

14. 昌安强效消毒剂 具有强效、广谱、速溶、无毒、无刺激等特点，3~5 分钟即可杀灭各种细菌、真菌。这种超浓缩的消毒片，每片可配制 2~10 升消毒液。用于银耳生产时，每片以加水 2~3 升为宜，可用于栽培环境喷雾消毒和器械的浸泡消毒。该产品性状稳定，有效期可达 3 年。

15. 克霉灵 复合型消毒杀菌剂。该产品对银耳生产中常见的木霉、毛霉、青霉、链孢霉、酵母菌及细菌均有极强的杀灭力，对耳房的菌蝇、蛹也有较强的杀伤功能，尤其是对木霉的防治效果更为突出，防治率可达 100％。目前，在市场上投放的克霉灵产品，主要有以下两种剂型。

(1)SJ-ⅠX克霉灵 每袋25克装,使用前需用水化开,待充分溶解后,再按比例加水使用。用于器械及皮肤消毒的每袋加水10~15升,浸泡或擦拭5~10分钟即可;接种室、耳房的空间和地面消毒,每袋加水10~18升喷雾,封闭10~30分钟;用于真菌防治,要选择适当的用药浓度,每袋加水2.5~7.5升。菌袋感染严重的部位,需将药液均匀喷洒或注射到感染面,隔天1次,连用3次。

(2)SJ-ⅡX克霉灵 是在SJ-ⅠX型基础上,另外补充食用菌生长必需的多种营养元素而制成的新型杀菌剂。无论是生料栽培还是熟料栽培,都能有效地预防真菌的发生;促进菌丝生长,提早5~7天出耳(菇);增产15%~30%。用于银耳的熟料栽培,每100千克干料加药剂75~85克,经稀释后喷入培养料即可装袋。用于银耳真菌防治时,用300~400倍液,按前述方法施药。

16. 二氧化氯消毒剂 是国际上公认的含氯消毒剂中唯一的高效消毒杀菌剂,它可以杀灭一切微生物,包括细菌繁殖体、细菌芽孢、真菌、分枝杆菌和病毒等,并且这些病菌不会产生抗药性。产品对人体、环境和被消毒对象无毒副作用,用量省,成本低,使用安全。近年来已被用作为食用菌生产上的杀菌消毒剂,其商品名有必洁仕(北京)、菇安(上海)、消毒大王(河南)等,各厂家的剂型不完全相同,常为复合剂、片剂和水剂,应随配随用。可用作接种箱(室)、培养室、栽培房(棚)内的空气杀菌和工具、衣物杀菌等,使用方法有熏蒸、喷雾、擦洗消毒等形式。对木霉、链孢霉、毛霉、细菌等均有非常理想的防治效果。其具体用法和注意事项,可见各厂家的产品使用说明。

17. 菇丰 食用菌专用复配型杀菌剂,其有效成分为18%福美双+12%百菌清,属于已经在农业部登记、可在食用菌上使用的农药产品。该品专用于人工栽培的几十种食用菌的杂菌防治,防治对象有木霉、褐腐病、疣孢霉、根霉、青霉、曲霉等,使用方法有拌料预防、土壤处理、浇灌和喷雾等多种形式。喷雾防治时,可加水稀释 500～1 000 倍进行喷洒。

18. 其他杀菌剂 除以上产品外,还可选用如下一些无公害杀菌剂:咪鲜胺锰盐、咪鲜胺、克霉灵、优氯净、强氯精、保菇王、福美双、异菌脲、高效绿霉净、绿霉净、强优戊二醛、腐霉利、噻菌灵、氯溴异氰尿酸(50％水溶性粉末对水 1 200 倍稀释后,喷雾防治各类杂菌)、中生菌素(3％可湿性粉剂稀释 1 000 倍,喷雾防治木霉、黄曲霉、黑曲霉等杂菌)、宁南霉素(8％水剂稀释 1 000 倍,喷雾防治木霉、黄曲霉、黑曲霉等杂菌)、金霉素及链霉素(主要防治细菌)等。各类产品的具体用法和注意事项等,详见产品使用说明。

(三)杀虫剂

1. 除虫菊酯 又名除虫菊等,是植物源杀虫剂。除虫菊酯不稳定,遇碱易分解失效,在强光和高温下也可分解失效。加工剂型有粉剂、乳剂、油剂、气雾剂等。属触杀型药剂,无胃毒和内吸作用,残效期短,对动物安全。用 3％乳油 500～1 000 倍稀释液喷雾,可防治菌蚊、菌蝇、跳虫等害虫;气雾剂在耳房(棚)内烟熏,可防治各种双翅目成虫。

2. 拟除虫菊酯 其种类较多,如溴氰菊酯等,是取代敌敌畏等有机磷杀虫剂的一类新农药。拟除虫菊酯有较强的触杀、胃毒和一定的内吸杀卵作用,对鳞翅目、双翅目的幼虫、成虫均有较好的杀灭效果。对人、畜毒性较低,残效期约 10 天。施用时忌与碱性农药、化肥混用,尽量避免与皮肤接触,以防皮肤过敏。另外,应提倡与其他药剂混用或交替使用,以免害虫产生抗药性。

施用方法:在耳房(棚)内,可用 2.5％溴氰菊酯(又名敌杀死)乳油稀释 2 000～4 000 倍液喷雾,能防治菌蚊、菌蝇类的成虫及菇夜蛾幼虫;害虫盛发期间,在耳房(棚)门窗外围用 2.5％溴氰菊酯乳油 2 000 倍液喷雾,7～10 天喷 1 次,可有效阻止室外害虫进入耳房(棚)。如果菌袋上有轻度螨害,可用 2.5%高效氯氟氰菊酯乳油 1 000～1 500 倍液喷雾。

3. 敌敌畏　有机磷杀虫、杀螨剂。挥发性较强,遇碱易分解失效,对人、畜毒性中等。敌敌畏对害虫有强烈的熏蒸、触杀和胃毒作用,杀虫范围广,对刺吸式和咀嚼式口器的害虫均有较好的杀灭效果。低温下使用时,效果较差;气温越高,密封度越好,其作用速度加快,对害虫击倒力增强,施药后 1～2 小时就开始见效。残留期也短,一般 1～2 天,而且降解快,基本无残毒,但在采耳前 10 天禁止使用。

其用法有熏蒸和喷雾两种形式。熏蒸时,对空耳房(棚),可将 80%敌敌畏乳油稀释 50 倍,置火炉上煮沸气化熏蒸,每 100 米^{2}栽培面积用原药 30～50 克;产耳期间,可用布条或棉球浸原药,均匀悬挂在耳房内熏杀虫、螨。采用熏蒸法时,在施药后务必封闭好耳房(棚)通气装置,否则影响防治效果。喷雾时,空耳房(棚)用 100～200 倍稀释液,栽培期耳房(棚)和耳床可用 800～1 500 倍稀释液,能有效防治菌蝇、菌蚊、螨类和跳虫等。

4. 菇净　食用菌专用复配型杀虫剂,其有效成分为 4%高效氯氟氰菊酯＋0.3%甲氨基阿维菌素。该药剂已取得农药正式登记,属于高效低毒型杀虫、杀螨和杀线虫的杀虫剂。对成虫击倒力强,对螨虫的成螨和若螨都有快速杀灭作用;对菌蚊、菌蝇、跳虫、夜蛾、食丝谷蛾、白蚁等害虫也都有明显的防治效果。可采用喷雾、拌土、浇灌、浸泡菌袋、拌麦麸制成毒饵等方式杀虫。耳床杀成虫,喷雾浓度在 1 000～2 000 倍液,杀幼虫浓度在 2 000 倍液左右;浸泡菌袋浓度在 2 000 倍液左右。

5. 马拉硫磷　又名马拉松等,为有机磷杀虫剂。其稳定性差,遇酸或碱易分解失效。具触杀、胃毒和内吸作用,对人、畜低毒,残效期短。常用 800～1 500 倍液喷雾或熏蒸,可防治线虫和双翅目、鞘翅目昆虫、跳虫、菌蝇、菌蚊、螨类等。不能与碱性农药混用。另外,本品不耐长期贮存,而且易燃,在贮运过程中要注意防火,远离火源。

6. 辛硫磷 又名肟磷酸等,高效、低毒有机磷杀虫剂。遇碱易分解,对人、畜毒性低。以触杀和胃毒为主,无内吸作用。杀虫谱广,击倒力强,可防治菌蚊、菌蝇、跳虫、甲虫、线虫等。可将50%乳剂稀释 800～2 000 倍喷雾。稀释辛硫磷要分两步走:第一步先将辛硫磷乳剂加水 20 倍左右,稀释成乳状母液;第二步再加足够的水稀释到所需的浓度。本品在阳光下易分解,药剂要现配现用。在避光条件下保存。

7. 鱼藤酮 又名毒鱼藤等,植物源杀虫剂。其杀虫的主要成分是鱼藤酮,能溶于有机溶剂,遇碱性物质很快失效。对害虫有触杀、胃毒作用,对人、畜毒性低,无药害。一般每 100 米³ 耳房(棚)空间用 2.5%乳油 10～15 毫升,对水 3～4.5 升喷雾,可防治菌蝇和跳虫等。鱼藤酮与除虫菊酯等生物或化学农药混用及制成混配制剂,还可提高防效,扩大防治范围,减少害虫抗药性,但鱼藤酮不能与碱性药剂混用。同时重点提醒,鱼藤酮对鱼类等水生生物和家蚕高毒,其药液及其冲洗物不可倒入鱼塘或用于桑园。

8. 烟碱 又名烟草等,植物源杀虫剂。对害虫主要起触杀作用,并有胃毒、熏蒸以及一定的杀卵作用。对人、畜毒性较高,但无药害。杀虫速效性较好,持效期短,基本无残留。防治害虫的范围较广,可杀灭螨类、菌蚊、菌蝇等多种害虫。

9. 灭蝇胺 又名环丙氨嗪,属特异性杀虫剂。主要用来杀灭蝇类以及某些蚊类害虫尤其是幼虫。对害虫具有触杀和胃毒作用,并有强内吸传导性,持效期较长,但作用速度较慢。对人、畜无毒副作用,对环境安全。使用浓度为 50%粉剂 1 000～2 000 倍液,喷雾杀灭。施药后 1 周见效。喷药时,若在药液中混加 0.03%有机硅或 0.1%中性洗衣粉,可显著提高药效。该药剂与不同作用机制的药剂交替使用,可减缓害虫抗药性的产生。灭蝇胺以及灭蝇胺与阿维菌素、毒死蜱、杀虫单等混配生产的复配杀虫剂,都不能与碱性药剂混用。药剂应存放于避光、阴凉、干燥处。勿与食物混放。

10. 哒螨灵　别名速螨酮等,新型广谱、高效、低毒杀螨剂,杀虫快、持效期长、防治效果好。该药剂触杀性强,无内吸、传导和熏蒸作用,施药时要喷洒均匀,对害螨的各种生育虫态(卵、幼螨、若螨、成螨)均有很好的防治效果,速效性好,持效期长,一般可达1~2个月。安全性能好,对皮肤无刺激性,但对眼睛有轻微的刺激作用。安全间隔期约15天,即在银耳采收前15天停止用药。与其他常用杀螨剂无交互抗性,耐雨水冲刷。不受温度影响,无论在高温还是低温条件下,使用哒螨灵都具有同样的效果。但严禁在桑园、水源、鱼塘等地及其附近使用。勿与其他碱性农药混用,以免降低药效。药剂应存放于避光、阴凉、干燥、通风处。不可与食物、饲料混放。

11. 其他杀虫、杀螨剂　敌百虫(杀虫剂)、氟苯脲(又名农梦特,杀虫剂)、氟啶脲(又名定虫隆,杀虫剂)、除虫脲(杀虫剂)、灭幼脲(杀虫剂)、氟虫腈(又名锐劲特,杀虫剂)、菇虫净(杀虫杀螨剂)、乐果(杀虫杀螨剂)、毒死蜱(杀虫杀螨剂)、阿维菌素(杀虫杀螨剂)、噻虫嗪(杀虫杀螨剂)、苦参碱(杀虫剂)、氟虫脲(又名卡死克,杀螨剂)、噻螨酮(又名尼索朗,杀螨剂)、炔螨特(又名克螨特,杀螨剂)、双甲脒(又名螨克,杀螨杀虫剂)等杀虫、杀螨剂。

第五章 银耳各类优质高产栽培法

　　银耳的栽培方式,可分为段木栽培和代料栽培两大类型。段木栽培属于传统栽培方法,指将一定粗细的木材,截成一定长度的木段,采用人工接种进行栽培的方法;代料栽培则是指利用棉籽壳、木屑、农作物秸秆、菌草等为原料,代替木段进行栽培的方法。段木栽培银耳,生产周期较长,虽质量很好,但产量较低,且需要大量的段木,仅适于在林区及木材资源丰富的地区发展;而代料栽培银耳,生产周期短,银耳的产量高,质量也好,而且可以利用各种农林废弃物,既适合农户家庭栽培,又可进行规模化生产。随着科技的进步以及出于保护森林资源和生态环境的需要,代料栽培现已发展成为我国栽培银耳的主要形式。

　　多年来,国内广大科研人员和耳农在科研及生产实践中,对银耳的代料栽培、段木栽培进行了大量的技术创新,总结出了许多优质高产栽培模式。仅就代料栽培而言,其各类高产栽培模式已十分丰富。如按栽培主料的种类划分,有棉籽壳栽培、木屑栽培、玉米芯栽培、甘蔗渣栽培、菌草栽培等;按栽培容器或设备区分,则有袋栽、瓶栽等;按栽培场所及形式区分,则有耳房栽培、耳棚栽培、吊袋栽培、露地栽培等。各种新技术、新方法使银耳的栽培发展为四季周年栽培,既有效地满足了国内外市场的需要,又使银耳生产者获得了更大的经济收益。为了使大家对银耳的各种栽培方式有一个全面的了解,以下即为银耳各类优质高产栽培模式的详细介绍。

一、袋料床架式高产栽培法

代料栽培银耳,具有原料来源广、生产周期短、成本低、产量高、经济效益好等优点。此法不受林木资源条件的限制,既可节省大量的林木资源,又有利于开拓银耳的栽培区域。

袋栽银耳容量较大,操作较方便,生物学转化率高,平均每100千克干料可产干耳 12～14 千克,高产的可达 16 千克以上,产量是同等重量段木产耳量的 10 倍以上。其出耳方式多种多样,可采用床架式、吊袋式、畦栽式等多种方式出耳,是现阶段广泛使用的一种栽培形式。本节主要介绍袋料床架式高产栽培法。

(一)栽培季节

如果是利用自然气温栽培,银耳的栽培季节,应以春、秋两季最为适宜。一般来说,长江以南各省(自治区),春栽为 3～5 月,秋栽为 9～12 月;低海拔地区冬季没有 0℃ 以下寒流的省(自治区),春、秋、冬季都适宜栽培;高海拔山区夏季气温一般不超过 30℃ 的地区,则适宜在春、夏、秋栽培。长城以南、长江以北各省(自治区),春栽是 4～6 月,秋栽是 9～11 月;在东北及西北的一些省、自治区,夏季最高气温不超过 30℃ 的地区,还适于夏栽。由于银耳多是室内栽培,所以还可人为地创造条件,以延长栽培时间,增加经济效益。在气温高的夏季,南北各地均可以利用野外荫棚等栽培设施来培育银耳。而在气温低的冬春之季,北方可以利用日光温室、太阳能温床,或在室内增加升温设施,来培育银耳;南方则可以通过在室内增加升温设施来培育银耳。

(二)床架设置

袋料床架式栽培银耳,可利用各种耳房(棚)等作为出耳场所,在其中设置多层床架,用于置放菌袋。耳房(棚)的类型及建造方法,以及床架的设置等,可参阅本书第四章"二、栽培设施"中的有关内容。耳房(棚)及床架在使用前1~2天,要按照常规消毒。

(三)培养料配方

代料栽培银耳的原料十分广泛,主料以棉籽壳、杂木屑、玉米芯粉、甘蔗渣等农林副产品下脚料为宜,并适当添加麦麸、米糠、黄豆粉、玉米粉、蔗糖、石膏粉等辅料即可。以下介绍的配方,都是各地经生产实践的基础配方和高产配方,大家可根据当地资源情况参考选用。

配方1:棉籽壳96.3%,黄豆粉1.5%,硫酸镁0.2%,石膏粉2%。

配方2:棉籽壳88%,稻谷壳7.8%,黄豆粉2%,硫酸镁0.2%,石膏粉2%。

配方3:棉籽壳82%,麦麸16%,蔗糖0.5%,石膏粉1.5%。

配方4:棉籽壳80%,麦麸17.5%,硫酸镁0.5%,石膏粉2%。

配方5:棉籽壳80%,麦麸15%,黄豆粉1.5%,白糖1%,硫酸镁0.3%,磷酸二氢钾0.2%,石膏粉2%。

配方6:棉籽壳80%,麦麸15%,玉米粉3%,蔗糖、石膏粉各1%。

配方7:棉籽壳78%,杂木屑18%,尿素0.2%,过磷酸钙、硫酸镁各0.5%,石膏粉2%,石灰粉0.8%。

配方8:棉籽壳77%,麦麸19.5%,尿素0.2%,石膏粉3%,石灰粉0.3%。

配方9:棉籽壳75%,麦麸20%,黄豆粉2.2%,蔗糖1%,硫酸镁0.4%,石膏粉1.4%。

配方10:棉籽壳70%,麦麸25%,黄豆粉1.2%,白糖1%,蛋白胨0.3%,硫酸镁0.5%,石膏粉2%。

配方11：棉籽壳50％，玉米芯粉26％，杂木屑（或稻草粉）19％，黄豆粉、蔗糖各1.3％，硫酸镁0.4％，石膏粉2％。

配方12：杂木屑77％，麦麸19％，蔗糖、过磷酸钙各1％，尿素0.2％，石膏粉1.8％。

配方13：杂木屑76％，麦麸20％，黄豆粉1.5％，蔗糖1％，硫酸镁0.5％，石膏粉1％。

配方14：杂木屑76％，麦麸19％，黄豆粉1.5％，蔗糖、过磷酸钙各1％，石膏粉1.5％。

配方15：杂木屑75％，麦麸20％，黄豆粉1.5％，白糖1％，磷酸二氢钾0.2％，硫酸镁0.3％，石膏粉2％。

配方16：杂木屑75％，麦麸22％，尿素0.2％，硫酸镁0.4％，石膏粉2％，石灰粉0.4％。

配方17：杂木屑73％，麦麸24％，蔗糖1％，过磷酸钙0.8％，磷酸二氢钾0.2％，石膏粉1％。

配方18：桑树木屑70％，麦麸25％，黄豆粉1.5％，白糖1％，硫酸镁0.5％，石膏粉2％。

配方19：杂木屑68％，麦麸28％，蔗糖、石膏粉各2％。

配方20：杂木屑66.5％，麦麸30％，黄豆粉、蔗糖各1％，硫酸镁0.5％，石膏粉1％。

配方21：杂木屑65％，麦麸30％，黄豆粉1.5％，葡萄糖1％，磷酸二氢钾0.2％，硫酸镁0.3％，石膏粉2％。

配方22：杂木屑50％，甘蔗渣22％，麦麸25％，黄豆粉1.3％，硫酸镁0.4％，石膏粉1.3％。

配方23：杂木屑50％，甘蔗渣20％，玉米芯粉10％，麦麸18％，蔗糖、石膏粉各1％。

配方24：杂木屑40％，棉籽壳37.6％，麦麸20％，尿素、硫酸镁各0.2％，石膏粉2％。

配方25：杂木屑40％，黄豆秸粉30％，麦麸25％，蔗糖、过磷酸钙各 1.5％，石膏粉 2％。

配方 26：杂木屑 34％，玉米芯粉 25％，棉籽壳 22％，麦麸（或米糠）16％，蔗糖 1％，硫酸镁 0.5％，石膏粉 1.5％。

配方 27：玉米芯粉 70％，麦麸 25％，黄豆、蔗糖各 1.5％，磷酸二氢钾 0.2％，硫酸镁 0.3％，石膏粉 1.5％。

配方 28：玉米芯粉、棉籽壳各 40％，麦麸 18％，尿素 0.2％，石膏粉 1.8％。

配方 29：棉秆粉 75％，麦麸（或米糠）20％，棉籽饼粉 2％，白糖 1％，硫酸镁 0.3％，石膏粉 1.7％。

配方 30：棉秆粉 70％，麦麸（或米糠）25％，黄豆粉 3％，葡萄糖、石膏粉各 1％。

配方 31：向日葵秆（或盘，均粉碎）70％，麦麸 25％，黄豆粉 2％，蔗糖 1％，硫酸镁 0.6％，磷酸二氢钾 0.2％，石膏粉 1.2％。

配方 32：稻壳 63％，棉籽壳 35％，尿素 0.2％，石膏粉 1.8％。

配方 33：稻壳 50％，杂木屑 35％，麦麸 12.5％，黄豆粉 1％，蔗糖 0.5％，硫酸镁 0.3％，石膏粉 0.7％。

配方 34：麦秸粉 40％，杂木屑 30％，稻草粉 15％，米糠 12％，蔗糖 1％，硫酸镁 0.5％，石膏粉 1.5％。

配方 35：麦秸粉（或豆秸粉）72％，麦麸 25％，黄豆粉（或黄豆饼粉）1％，蔗糖、石膏粉各 1％。

配方 36：高粱秆粉 50％，杂木屑 30％，棉籽壳（或谷壳粉）18％，石膏粉 2％。

配方 37：甘蔗渣 71％，麦麸 24.6％，黄豆粉 2％，硫酸镁 0.4％，石膏粉 2％。

配方 38：甘蔗渣 75％，麦麸 20％，黄豆粉、蔗糖各 1.2％，硫酸镁 0.6％，石膏粉 2％。

配方 39：芦苇粉 35％，芒萁粉 30％，杂木屑 12％，麦麸 20％，蔗糖 1.5％，硫酸镁 0.5％，石膏粉 1％。

配方40:菌草粉70%,高粱5%,麦麸24%,石灰粉1%。

以上各配方的料水比(干料∶加水量)在1∶1~1.4(重量比);pH值自然,或pH值(灭菌前)6~7。

各配方中所用的原料,均是指干料,均要求新鲜、干燥、无霉变、无虫蛀,并且都是颗粒状料或粉碎料。秸秆类均要粉碎成直径0.5~2厘米的碎料;玉米芯应粉碎或碾压成玉米粒大小;甘蔗渣最好选用新鲜、干燥的细渣;木屑要通过孔径3毫米的筛;菌草也要粉碎成粒径3毫米以下的碎屑。

上述各配方,以棉籽壳为主料的配方,银耳的产量最高(生物学效率可达120%以上,即100千克干培养料可产鲜银耳120千克以上),所以这类配方是商业性生产银耳地区首选的配方。此外,选用既含有棉籽壳,也含有杂木屑、玉米芯、秸秆等原料的配方(称为综合配方),银耳的产量和质量,通常比选用较单一原料的配方要更高。

配方中原料的成本高低,因原料的来源不同、季节差价等情况而异。例如,棉花主产区的棉籽壳成本比其他地区通常要低25%左右,林木产区其木屑成本也要比其他地区低30%左右。而且各类原料的季节差价幅度一般也在20%以上。因此,即使是采用相同的配方,因地因时,配方的原料成本也有不同,甚至差别会很大,故要综合衡量,因地、因时制宜,选用最经济、最高效的配方。

注:对于芦苇、芒萁等菌草,以及秸秆、玉米芯等原料,既可以用干料,也可以采用新鲜、无霉变的湿料。因为各配方中的原料比例,均是指干料的比例,所以在采用湿料时,必须按干料∶湿料=1∶2~3的比例,将湿料折算成配方中干料的重量。

(四)培养料的配制

上述配方任选一种,按照装料计划准备好各类原料。使用前,将棉籽壳、杂木屑、麦麸等主、辅原料(此处指干料),置于烈日下暴晒2～4天,利用阳光中的紫外线杀死料中所带的杂菌孢子,以及虫卵和螨类等害虫,以减少生产中的病虫危害基数。

根据生产规模等情况,选用拌料方式:小规模生产的可人工拌料;大规模或较大规模的生产,则宜采用拌料机拌料。人工拌料时,通常的做法是:先将称取的主、辅原料过筛,剔除混杂的砂石、金属、木块等。将棉籽壳、杂木屑、玉米芯粉、秸秆粉等主料倒在拌料场上,堆成圆锥形料堆;再将麦麸、米糠、黄豆粉等辅料从堆尖均匀地往下撒开,并把过磷酸钙、石膏粉等均匀地撒于料面。把上述原料搅拌均匀,然后把蔗糖、硫酸镁、磷酸二氢钾等可溶性物质溶于水中后,再加入料中混拌均匀。大规模生产时,可采用拌料机拌料,每小时可拌干料1 000千克以上。

培养料加水拌匀后,要再堆成大堆闷料1～3小时,以使主料吸水充分、均匀,然后及时装袋。闷料时间不宜过长,尤其秋季气温常达30℃,若闷料时间过长,易使培养料发生酸变。

另外,也可先将棉籽壳、木屑、玉米芯粉等吸水性能差的主料提前预湿后,再进行拌料。因为此法可使原料吸水更加充分、均匀,最宜采纳。预湿方法:一是先将这类原料在清水中浸泡3～5小时,使其吸水浸透后,捞出来沥水,并将其以一定的厚度平摊在拌料场上,再加入其他原料和水,翻拌均匀;二是提前12～24小时,将这类原料按料水比为1∶1～1.3的比例,加水拌匀,堆积起来,并盖上塑料薄膜,使其吸水湿透,再将其以一定的厚度平摊在拌料场上,加入其他原料和水,翻拌均匀。采用以上方法时,因为主料已经提前预湿,故最终拌匀后,可不经堆放或只堆放30分钟左右,调整好含水量,即可装袋。

培养料的含水量应控制在58%～64%,即料水比(干料∶加水量)=1∶1.1～1.4(重量比),以用手紧握培养料,指缝间有水痕渗出而无水下滴;手握成团,约1米高处落地即散为宜;pH值自然。

（五）装袋、打穴、封口

银耳袋栽在大批量生产时通常采用常压灭菌,故宜用聚乙烯筒膜作栽培容器;若采用高压灭菌,则需用聚丙烯筒膜。

耳袋的规格,可采用折径宽 12～12.5 厘米、长 50～55 厘米、厚 0.004 厘米的筒膜。先将袋的底部用棉线扎紧,顶端反折后复扎 1 次;用酒精灯熔封已扎紧的袋口;或用高频机电烙铁压封。料筒另一端留作装料用;也可采用类似规格的成型折角袋,可省却一端事先扎口的工序。装料可采用人工装料,装一半时抖一抖,压实后再装。装至离袋口约 5 厘米处时,用线将袋口扎紧。大批量生产时,最好采用装袋机装料,一般每台机械每小时可装 400～1000 袋,装袋后,将袋口按常规方法扎封。装袋要求装紧装实,其紧实度以手抓料袋,五指用中等力度捏袋面,呈现微凹为适。规格 12 厘米×50 厘米的料袋,每袋可装干料 500 克左右;规格 12 厘米×55 厘米的料袋,每袋可装干料 650 克左右。装袋数量要与灭菌灶的吞吐量相匹配,做到当日配料,当日装完,当日灭菌。

装袋完毕,随即将袋面擦干净,在光滑平坦的工作台或地面上,用木板将耳袋稍压扁,再用打穴器(打孔器)或自制的木棒,在袋的正面一侧等距打 3～4 个接种穴,一般袋长 50 厘米的打 3 穴,袋长 55 厘米的打 4 穴。穴的直径为 1.2～1.5 厘米,深 2 厘米。打完接种穴后,用布擦去袋表面的培养料等杂物,再用 3.3 厘米×3.3 厘米见方的食用菌专用封口胶布贴封在穴口上,拉平胶布并用手指平压,使之紧贴袋膜。如果胶布粘贴不紧,料袋灭菌时水分会渗透进袋内,造成胶布受湿,黏度不好,从而加大杂菌侵染的可能。

装料、扎袋、打穴、贴胶布要采用流水作业法。从拌料至装袋、打穴、封口结束,要求在 5 小时之内完成。

(六)灭菌接种

装料、打穴、封口后,要及时灭菌。通常采用常压灭菌,将料袋卧放于灭菌灶的蒸仓内,胶布封口的一面要朝上。袋与袋之间保持一定空隙,以利于蒸汽流通,提高灭菌效果。灭菌开始火力要猛,要求在 2～4 小时使蒸仓内温度达到 100℃。常规的灭菌灶,可在温度达到 100℃后,再用中火维持在 100℃,持续 8～10 小时停火;而钢板平底锅灭菌灶、移动式蜂窝煤罩膜灭菌灶等罩膜灭菌灶,由于气体膨胀,罩膜内升温较快,从点火至 100℃不到 2 小时,但因其容量大,其灶内料袋的中心温度达不到 100℃,因此通常点火 5 小时以后,当灶内中心温度上升到 100℃,保持此高温 10～15小时,才能达到彻底灭菌的目的。在灭菌过程中,灭菌人员要坚守岗位,随时观察温度、水位和是否漏气。

灭菌后,待温度降至 60℃左右时,方可趁热卸袋。及时搬进室内,呈"井"字形 4 袋交叉排叠,让料袋散热冷却。冷却时间,通常从料袋进房后 24 小时左右,直至手摸料袋无热感即可。

料袋散热冷却,必须待料温降至 28℃以下时方可进行接种;否则,料温过高,超出银耳菌丝生长的适温上限时,会烫伤、烫死菌种而无法出耳。

小批量生产可在接种箱内接种,大批量生产通常在接种室(罩)内接种。要严格遵守无菌操作规程。首先把料袋、菌种瓶、接种铲、弹簧接种器、胶布、剪刀、酒精灯、75％酒精、火柴等物品置于接种箱(室、罩)内消毒后,即可拌种、接种。

银耳接种前必须拌种,这是银耳与其他大多数食用菌不同的地方。拌种这一工序十分重要,由于银耳菌种瓶内银耳菌丝多在菌瓶上部,香灰菌丝多在菌瓶下部,而底部还有部分未长菌的培养料,所以银耳菌种必须先进行拌种,才可用于接种。两种菌丝搅拌混合均匀的菌种,可提高菌袋的出耳率、出耳快、产量高、质量好。

未搅拌、混合均匀的银耳菌种，可能出现以下几种情况：一是只有一种菌丝（银耳菌丝或香灰菌丝），结果只长菌丝，不长银耳子实体；二是银耳菌丝与香灰菌丝均有，但二者的比例失调（香灰菌丝过量时会造成出耳时间推迟）；三是培养基内两种菌丝都没有，无法出耳。因此，银耳接种前的拌种，必须认真对待、认真操作。

拌种之前，要先用75％酒精棉球对菌种瓶表面擦拭消毒，然后拔去棉塞，先将菌种表面薄薄的一层老化菌丝挖去，并将白毛团除去，即可进行拌种。拌种的方法一般有两种：一是完全拌种，即培养基上下全部搅拌到位，将菌种瓶内的培养基，上下反复搅拌均匀后，再用于接种。采用此法搅拌后的菌种，须根据原菌种菌丝吃料的深浅，决定接种的时间。菌丝吃料深达4/5的菌种，当日上午拌种，当天晚上就可用于接种；菌丝吃料深达2/3的菌种，拌种后须安排次日晚上接种。二是部分拌种，即只将种瓶上部约6厘米厚的菌丝体挖松，用接种铲将生长在表层的银耳菌丝与生长至培养料深层的羽毛状菌丝充分拌匀。菌种瓶6厘米以下的菌种弃去不用。采用此法搅拌后的菌种，当时就可用于接种。

拌种时，既可用接种铲等接种工具拌种，也可用专用的电动搅拌机拌种（福建古田等地近年来应用较多）。

菌种拌匀后，即可根据上述的情况，适时（或及时）接种。开始接种前，要剪去手指甲，并用肥皂洗净，再用75％酒精棉球擦手消毒。若是一人操作，可先把菌种瓶平搁在一个特制的小木架上，瓶口下方置一只酒精灯，火焰对准瓶口，即"火焰封口"；两手同时操作，左手慢慢撕开洞穴上的胶布（一般揭起穴口2/3的胶布即可），右手用弹簧接种器（或接种铲）穿过火焰，迅速伸进瓶内挑取菌种，然后快速将菌种压进（置于）穴内，稍稍压紧，菌种平面要低于胶布口1～2毫米，使种穴内有一定空间，以利于菌丝萌发定植。每穴内所接菌种量约1粒花生米大小。接种后立即拉平、封严胶布。

若胶布失去黏性,粘贴不住,则应随即换上新胶布封闭穴口。接种时,最好2人操作,1人揭开料袋的胶布,1人接种。如有条件,采用超净工作台接种更好。

一般来说,采用完全拌种时,每瓶栽培种可接种3穴袋45~50袋,或接种4穴袋35~40袋;而采用部分拌种时,每瓶栽培种可接种3穴袋25~30袋,或接种4穴袋20~25袋。

接种时间,最好选择晴天午夜或凌晨进行,因为此时气温低,杂菌处于休眠状态,空气流动小,杂菌传播力弱,接种较安全。雨天湿度偏大,易感染杂菌,不宜接种。

每批料袋接种完毕,必须打开门窗通风换气30~40分钟,然后关闭门窗重新进袋、消毒、接种。有的耳农在普通房间内使用塑料膜接种罩接种,如果采用此法连续作业,且接种后不揭膜通风更新空气,那么室内酒精灯火温、人的体温,加上接种时打开穴口料内蒸发出的水分,会容易形成高温、高湿环境,从而造成杂菌污染。同时,接种过程中,工作台及室内场地会不断产生棉塞等残留物,这些残留物必须集中于一角。待该批料袋接种结束后,要趁着通风换气,进行1次清扫。

接种后的菌袋,要及时移入已清扫、消毒的发菌室内发菌培养。银耳的发菌与出耳可同用一室,有条件的可以建造专用的发菌室与出耳室(即栽培室)。

(七)发菌培养

接种后,种块上最先长出的是香灰菌丝,接着银耳菌丝也开始在基质内蔓延,并在接种块处逐渐扭结成团,形成子实体原基。原基开始形成时,只是一团黄褐色半透明的胶粒,后来逐渐分蘖展片,进一步发育成熟。因此,银耳的生长发育是一个连续的生理过程。为了管理方便,通常人为地分为:发菌培养、增氧诱耳、幼耳期管理和成耳期管理4个阶段,现在就第一个阶段即"发菌阶段"的管理方法进行讲述。

料袋接种后，称为菌袋。菌袋的发菌培养，可分为菌丝萌发期和菌丝生长期两个阶段，其管理技术有所不同。

1. 菌丝萌发期管理　接种后的菌袋，首先进入菌丝萌发定植期，此期一般为3～4天。为使菌种萌发定植正常生长，此期在管理上应做好以下几点。

（1）室内消毒　发菌室使用前，必须提前清扫干净，并提前几小时进行消毒，具体消毒方法类似于前面接种室（罩）的消毒。

（2）控制湿度　发菌室的空气相对湿度要控制在60%～70%，即在较干燥的条件下培养。若空气湿度偏高，封口胶布易受潮，有利于杂菌滋生；但湿度亦不可过低，否则菌种易失水干枯，也不利于发菌。

（3）合理堆叠　菌袋可呈"井"字形交叉堆放在室内地面或床架上发菌，并视室温高低决定菌袋排放的密度或高度，一般堆高最高不超过1.5米。

（4）保护胶布　发菌期间，要适时检查接种穴上的胶布有无翘起，若发现翘起或脱落，应及时贴封好，防止"病从口入"。应注意的是：在菌丝未长满菌袋表层之前，不可打开穴口上的胶布，以免杂菌侵入。

（5）严格控温　此期内，室温宜控制在26℃～28℃，促进羽毛状菌丝迅速萌发定植，并伸入到培养基质内，形成生长优势，以防止杂菌侵染。但室温最高不得超过30℃，否则，香灰菌丝会不正常生长。故若遇高温情况，必须采取开窗通风等措施降温。以棉籽壳为主料时，由于棉籽壳纤维素多、袋温上升快，更应注意袋温变化并及时调整，以免高温烧菌。在室温低于20℃时，菌丝生长缓慢，发菌时间延长，此时需提高室温。可利用暖气设备升温，若用煤炭火升温，则要注意通风，排除二氧化碳等有害气体，以免损害菌丝，引起后期烂耳。

（6）**适度通风**　此期,银耳菌丝和香灰菌丝均处于初期萌发阶段,故对氧气的需要量还较少,发菌室不必每天通风,只需根据情况适度通风即可。

（7）**弱光散射**　银耳虽然是喜光性菌类,但此期一般只需要微弱的散射光或黑暗的环境条件。发菌室窗口要常用草苫或黑布等遮盖,以避免阳光直射。

2. 菌丝生长期管理　菌袋经过3～4天的发菌培养,菌种块萌发新菌丝,向接种穴四周扩展,形成星芒状的白色菌圈,直径可达5～6厘米,此时即进入菌丝生长期。在气温25℃左右的适温条件下,菌丝长速可以每天0.3～0.5厘米的速度延伸料中。这阶段一般需培养6～8天,在管理上要重点做好以下5个方面的工作。

（1）**翻堆检查**　在接种后第六天前后,要翻堆1次,即将堆叠的菌袋上下、里外换位,重新堆叠。在翻堆的同时,要认真检查袋壁、袋口及接种穴周围表面,发现可能感染杂菌的,应及时处理。

（2）**疏袋散热**　随着菌丝的逐渐伸展,料温日益上升。为了避免温度偏高,在检查的同时,应把菌袋排稀,袋间距由1厘米增加到2～4厘米,以利于散热。

（3）**调节温度**　随着菌丝的生长发育,料温会逐渐上升,故此期的室温要比菌丝萌发期低3℃～4℃,以23℃～25℃为好。降低室温的办法,主要是打开门窗通风降温。可每天开门窗通风2～3次,每次10～20分钟。若气温适宜、外界温度波动不大,也可长时间开窗通风,使空气清新。在气温高的秋季,更要特别注意通风降温,以免造成高温伤害菌丝。

（4）**控制湿度**　同菌丝萌发期湿度管理。

（5）**防光直射**　菌袋培养室的朝阳方向,需挂遮阳网;窗口应安装纱网,外用草苫遮阳,防止阳光直射。但也不能为了避免强光,而把门窗遮得密不透气,这样也不利于菌丝生长。此期的光照强度以 20～50 勒为宜。

(八)菌袋排场、增氧诱耳

菌袋经过 10 天左右的培育,菌丝生长逐步旺盛,新陈代谢活力增强,产生的二氧化碳浓度也随之增加。此时需要吸收外界氧气,排出二氧化碳,同时释放出能量,以满足菌丝生长发育的需求。因此,菌袋须由原来较干燥的发菌室,搬到较潮湿的耳房(棚)内,疏袋排放于培养架上,生产上俗称为"转湿度排场"。

菌袋排场一般在发菌 10 天左右,菌丝圈直径达 10 厘米,穴与穴的菌圈互相连接时进行。如培养期间气温低,菌丝生长没达标,排场要延后 1～2 天;气温稍高,菌丝生长快,则可提前 1～2 天。

1. 菌袋排场　在菌袋排场前 3 天,要对耳房(棚)进行 1 次室内外消毒灭菌。首先清除耳房(棚)外四周的杂草等,并在地面撒生石灰粉消毒;然后按照前述发菌室的消毒方法,对耳房(棚)内进行消毒,消毒后开门窗通风。菌袋进入耳房(棚)后,采取卧式排放,袋与袋之间距离 2～3 厘米,以利于散热。

2. 开口增氧操作　菌袋经过转房排场后,菌丝发育加快,大量吸收基内营养后,开始分泌色素,袋内的浓白菌丝逐渐变为黑色云斑状。此时菌丝呼吸旺盛,需氧量加大,原有穴口通气量已不能满足要求,故必须及时开口增氧,以满足幼耳生长对氧气的需求。开口增氧常用的方法是"割膜扩穴增氧法"和"袋旁划线增氧法",下面会分别介绍。

(1)割膜扩穴增氧法　该法是把原接种穴割膜扩大,以此增加袋内透氧量,具体技术如下。

①掌握菌龄　实施割膜扩穴的时间,一般为菌袋接种后培养了 15 天左右时进行。但在采取这项操作前,应注意观察菌丝长势,选择适宜气温并注意时限,否则将造成袋内缺氧,菌丝生长欠佳。秋季气候干燥,如延期扩穴,会出现白毛团疏松,导致出耳不

齐,或因缺氧而致菌丝衰竭,出耳后将发生烂耳。扩穴也不宜过早,因过早菌丝生理未成熟,扩穴透氧后香灰菌丝向扩穴面伸展,反而会引起幼耳停顿生长,影响正常发育。

②衡量标准　割膜扩穴应掌握袋内菌丝发育占整个袋面的2/3,表面菌丝呈黑色,底部菌丝呈白色;菌袋两旁的菌丝尖端已出现连接时进行。

③操作方法　扩穴时,左手拿菌袋,穴口朝上;右手拿刀片,顺手沿着穴口的边缘,圈割去袋面的塑料薄膜宽1厘米左右,连同穴口胶布一次性去掉,使穴口直径达4～5厘米。如果扩口过大,出耳后会使耳基增大,影响品质;若扩口过小,则影响袋内菌丝透氧,不利长耳。割膜扩口时,注意勿割伤菌丝体。通过扩大穴口,可使料内增加氧气,促进幼耳顺利发育生长。

(2)袋旁划线增氧法　即用刀片割破菌袋穴口旁的薄膜,达到增氧诱耳的目的。此法为一项新技术,已获得国家发明专利。其优点是方便、省工。银耳子实体蒂头小,朵型美观,展耳耸松;耳基部与袋膜不粘连,可避免木霉菌侵染;银耳干品价格比常规割膜干品每千克高1～2元。袋旁划线的技术要点如下。

①划线时期　以菌袋接种后,正常温度条件下培养15～16天,撕去穴口胶布,覆盖报纸,纸面喷水保湿5～7天后,穴口子实体长至食指大小时进行划线。即其菌龄为接种后20～23天时,进行划线工序。但上述时间仅是参考,如气温适宜菌丝生长发育快,可适当提前1～2天进行划线。划线增氧的时间,应视当地气温高低和菌丝生长状况灵活掌握。

②划线方法　划线位置为对准菌袋穴口侧向,两旁居中位置,用刀片各划1条线。线长分别为3～4厘米,一般为3个手指宽范围内;深度以割破袋膜、而不伤菌丝为度。

3. 开口增氧后的管理　菌袋经过开口或划口之后,使得外界空气和水分更多地渗透进袋内,菌丝呼吸强度加大,新陈代谢加快,袋内菌温会比室温高 1℃~2℃,此时室温应调到 21℃~23℃,以利于银耳原基快速形成。如果室温达 26℃,菌温会达到 27℃~28℃,菌丝必然受到高温的伤害,使穴口吐出酱黑色的黏液,出耳之后就会发生子实体蒂头烂黑的现象,影响幼耳正常发育。

菌袋开口或划口之后,还要注意另一方面。即早春、秋末如遇低温,耳房(棚)内温度低于 18℃时,袋内菌丝不仅新陈代谢相应减慢,而且还会在出耳口上吐出白色晶体状的黏液,出耳后会发生蒂头痔烂等问题。在开口透耳阶段,许多耳农没有掌握这个关键技术,或是在这个时期控温管理疏忽,常导致栽培失败。

(九)幼耳期管理

菌袋经过割膜或划线增氧后,菌丝由营养生长转入生殖生长,也就进入原基分化、幼耳生长发育阶段。此阶段,在管理技术上重点要掌握以下 6 点。

1. 处理黄水　菌袋开口后(菌袋扩口或揭去穴口胶布后),穴上出现黄水珠,这是菌丝新陈代谢、生理成熟过程中的分泌物,属于正常现象。处理黄水珠的方法:把菌袋一袋换一袋地侧势排放,并使各袋的穴口统一朝向一侧,使黄水自然流出穴外。同时,把室温调至 24℃~26℃,开窗通风,则黄水量自然会减少。

2. 盖布(纸)喷水　在采用上述方法处理黄水的同时,为防止穴口白毛团被风干,影响原基形成,要立即用无纺布(或旧报纸)覆盖在菌袋上面,并用喷雾器喷水,以保持布(纸)面湿润不积水为度。每天掀动无纺布(或报纸)1 次,保持空气新鲜,同时也防止白毛团粘在布(纸)上。当幼耳长至直径 1.5~2 厘米时,把无纺布(或报纸)取下,置于阳光下晒干,趁此时让幼耳露空,适应自然环境 12~24 小时;然后再覆盖无纺布(或报纸)喷水保湿。当幼耳长至直径 4 厘米左右时,生长加快需水量变大,此时即可取下全部无纺布(或报纸),直接微喷水于子实体上,露空育耳。

3. 通风换气　每天开门窗通风 3～4 次,每次 15 分钟以上,保持房(棚)内空气新鲜,干湿交替,使原基在潮湿清爽的环境下尽快分化成幼耳。通风还要根据栽培季节和出耳时间灵活掌握。气温极高时,为避免热风吹进耳房(棚),应白天关闭门窗,早、晚打开门窗进行长时间通风;低温季节宜在上午 10 时至下午 3 时之间进行通风,但通风时间要缩短,每次 15 分钟左右即可。子实体生长发育期间做好疏袋摆放,袋与袋之间距离为 5～6 厘米。

4. 保湿养耳　扩口或划口后,耳房(棚)内空气相对湿度要保持在 90%～95%。低于 80% 时,耳结、色黄,分化不良;高于 95% 时,耳片舒展色白,朵型松散,且易烂耳。长耳期注意干湿交替,可使子实体肥厚,朵型圆整美观。子实体生长阶段所需水分,以微粒状雾化水为好。

5. 控制适温　子实体生长期,耳房(棚)内温度以 22℃～25℃ 为佳。若低于 18℃,耳片结蕊多,展片不良;高于 30℃,耳片疏松肉薄,容易烂蒂。春、秋季节自然气温适宜时,耳房(棚)可以全天打开门窗,使气流顺畅,空气新鲜;夜间气温低于 18℃ 时,应关闭门窗保温。夏季气温高时,长耳期间也可把菌袋搬到林荫下、地下室、防空洞和地沟等阴凉环境中培养,使子实体正常生长。冬末、早春气温低,栽培时可用电炉、红外线或用煤炭火加温。采用煤炭火加温时,要注意通风,排除二氧化碳气体。

6. 增加光照　子实体发育成长阶段,耳房(棚)内必须有散射光照。一般光照度 100～500 勒,每天保持 8～12 小时即可。这样展片快,耳片肥厚,色泽鲜白,产量高。若房(棚)内光线不足,可在其内安装日光灯辅助照射。如果耳房(棚)内黑暗,银耳子实体发育将受到抑制。冬季栽培时,有些耳农为了保温,紧闭门窗甚至挂上棉帘,致使房内光照不足,影响子实体的正常发育。因此,冬季一定要增加适量的光照,以利于银耳子实体健康生长。

(十)成耳期管理

一般在接种 30 天后,银耳即进入成熟期,子实体直径可长到 12 厘米左右。从银耳进入成熟期开始至采收,通常需要 6～10 天,这期间对环境条件的要求与子实体生长发育期不同。要使子实体达到朵大肥厚、朵型圆整、展片整齐美观,就需要人为停湿造型,进行科学控制。具体措施如下。

1. 停湿造型　子实体进入成熟期,如果湿度过大,会引起真菌感染、烂耳等,因此必须停止喷水 8～12 天(直到采收),使空气相对湿度保持在 85% 左右。停湿后子实体所需的水分,主要靠菌丝体从培养料内加紧吸收输送,使其料内养分、水分在短期内全部被吸收降解向子实体输送;同时,停湿后可使子实体尚未伸展的耳片继续向外发育;已成熟的耳片,则因外界水分缺乏而停止生长。这样,可促使耳片长势平衡,银耳朵型圆整美观,耳片肥厚、疏松,也利于提高产量。

2. 加强通风　成熟期必须增加通风量,使耳房(棚)内氧气充足,特别是雨天,若通风不良、空气湿度偏大,容易造成烂耳。春、秋季节自然气温恒定在 22℃～25℃ 时,应整天开窗通风;夜间气温下降时,要闭窗保温。早春、秋末气温较低,应在保温的前提下,每天通风 3～4 次,每次 30 分钟。

3. 控温防害　子实体停湿期,室内温度以 22℃～25℃ 为适。低于 22℃,容易引起蒂头淤水痊烂。早春或晚秋气温低时,可采取电热升温;或在室外烧火,使热源通过火道进入室内升温。注意不要在室内用煤、柴明火加温,以免二氧化硫气体渗入子实体,引起产品污染。超过 25℃ 时,应打开门窗及排气扇,加强通风,防止烂耳。

4. 引光增白　银耳子实体进入收获期时,除停湿、通风、控温外,还需要一定的光照。光照可以促进耳片色泽增白,同时阳光中的紫外线对附着在耳片上的真菌、细菌也有杀灭作用。每天上午8～10时应打开门窗,让阳光透进耳架,照射子实体,可促进耳片增厚且色泽更鲜白,从而提高其商品质量。

(十一)采收与加工

1. 采收 经35～43天的培养管理,银耳子实体已达到成熟。成熟的标准:耳片已全部展开,没有小耳蕊,中部没有硬心,表面疏松,舒散如牡丹花状或菊花状,颜色鲜白或米黄,手触有弹性并有黏腻感时,即可采收。袋栽银耳直径一般在10～15厘米,鲜重100～250克,袋径稍粗大者,其鲜重有时可达400克以上。成熟的子实体会散发出大量的白色担孢子。采收是否适时,对银耳产量和质量均有重要影响。若采收过早,展片不充分,朵型小,耳花不松放,产量低;采收偏晚,耳片薄而失去弹性,光泽度差,耳基易发黑,使品质变差。另外,银耳袋旁划线增氧与菌袋扩口增氧两种工艺栽培出的产品相比,划线增氧产品朵型更加圆整、蒂头更小。

采收时,要用利刀紧贴袋面从耳基面将子实体完整割下,并要防止料内菌糠黏附在耳片上。采割下来的银耳,要放在干净的箩筐等容器内,轻采轻放,切勿重压,以免损坏朵型。应先采健壮耳,后采病耳,并分别盛放,以利于分级处理。采完后,随即挖去黄色耳基,清除杂质,在清水中漂洗干净后捞起沥干、加工。在采收时若遇连阴雨天,而又暂无烘干条件,可延长停湿管理3～7天,待天气晴朗后再采收。在此期间不必喷水,并要加强通风,以防止烂耳。

2. 加工 采收后的银耳要及时进行加工处理,使其形成产品上市。银耳的加工主要有两个方面:一是初级加工,如通过烘晒制成干品,或加工成罐头产品等;二是深度加工,如以银耳为原料制作成饮料、快餐、药剂、美容化妆品等系列产品。

初级加工时,常采用干制法。干制法有晒干法和烘干法两种。在晴天采收时,可采用晒干法;如采耳期遇阴雨天,则可采用烘干法或晒烘结合法进行干燥。过去小规模生产时,多采取置于阳光下直接暴晒至干。随着银耳专业化栽培的发展,其生产规模扩大,收成数量增多,而且市场对银耳商品性状的要求越来越高,因此现在大都采用机械脱水干燥(烘干)。银耳产品的具体加工方法,参见第八章、第九章的有关内容。

(十二)再生耳的管理

银耳采收后,即可进行再生耳的管理。其再生率在70%～80%,培养15～20天即可采收,其产量约相当于第一潮的1/4。但再生耳的耳基大,耳片小,品质较差。再生耳的管理方法:采耳后3天内,室内不要喷水,室内空气相对湿度保持在85%即可,温度保持在23℃～25℃,以利于银耳恢复生长。一般在头潮耳割后3小时左右,耳基上会分泌出大量浅黄色的水珠,这是耳基保持旺盛生命力的征状。无黄色水珠者,则很少能出再生耳。此时要将黄色水珠倒掉,以防浸渍危害。当新生耳芽出现后,控制室温在20℃～25℃,空气相对湿度在85%,湿度不足时要向地面和空中喷水,直至耳片成熟。

近年来,由于栽培水平提高,第一潮耳单产水平高、收益大,故除了春栽外,很少有人进行再生耳的培养。银耳采收完毕后,要及时把废耳袋搬离出耳房(棚),同时清理残留物,打开门窗通风3～4天,让阳光直射房(棚)内,并进行1次消毒,以备新菌袋入房(棚)内,培养出耳。

二、袋料斜架式高产栽培法

斜架式袋料栽培银耳,其菌袋呈斜式排放,更易于排除料袋内的积水,能明显减少流耳和烂耳。与水平式床架栽培银耳相比,可降低设施投资20%以上,空间利用率提高25%～30%,银耳产量提高 15%～20%。其具体方法如下。

(一)床架设立

床架可为立式三角形,架高 2.2～2.5 米,架顶夹角为 30°左右。每层间距 42～50 厘米,共 4～6 层。近墙处用单面架,斜靠墙上;中间用"人"字形双面架。

(二)菌袋排放

将接种后的菌袋,从下层依次向上排放。菌袋的上端,用细尼龙绳吊在上一层横放的竹竿上,下端斜放在下一层横放的竹竿上,接种穴口向外。同一层的上横杆,又是上一层菌袋斜放的支杆。菌袋排放结束后,呈一排挂满菌袋的斜墙面,看起来也美观。

(三)室内管理

室内管理基本上与平架式袋栽相同。上架后,培养室温度保持在 24℃～28℃,空气相对湿度为 60%～70%。培养 5～7 天后,当菌丝伸展到 3～5 厘米时,可用消毒的缝纫针在菌袋穴位上、下两侧扎孔通氧,并覆盖消毒后的无纺布(或报纸、牛皮纸)。当菌袋各穴孔菌丝基本长至连接时,掀动穴口覆盖物通气增氧,以促进原基分化。当幼耳长到直径 3～5 厘米时,即可去掉覆盖物,喷水保湿,直至成熟采收。采耳后,仍按上述操作,进行再生耳管理。

三、袋料吊袋式高产栽培法

银耳的吊袋栽培,与黑木耳的吊袋栽培类似,即是将发好菌的菌袋,吊挂在耳房(棚)内,让其出耳。此法设施简单,投资少,通风条件好,上、下层温差较小,能避免因菌袋积水而引起杂菌滋生和烂耳。具体做法如下。

(一)菌袋制作

培养料的配制、灭菌、接种、发菌均按常规进行。为便于吊挂，要在装好的菌袋一端系一根长 10～15 厘米的尼龙线，线头上留一扣结，以利于吊袋。

(二)栽培架的搭建

栽培架由 2 根立柱和 4 根横杆组成。立柱长 2.5 米，直径 5～8 厘米，埋在耳房(棚)的土内，入土深 20 厘米左右。室内不便挖土时，可将立柱与横杆用铁丝扎紧成架。立柱之间间距约 1 米。埋柱之前，在每根立柱的同一侧，距其下端 95 厘米、140 厘米、185 厘米、230 厘米处，各钉 1 颗 10 厘米长的铁钉，用于搁放横杆。横杆长约 1.1 米，杆粗以能承受 20 多千克的负荷为度。在每根横杆相对的两侧面，各钉一排 6～8 厘米长的铁钉，铁钉之间相距 9～10 厘米，每侧 10 个，用于悬挂菌袋。每杆可挂 20 袋。栽培架的数量，视栽培规模和耳房(棚)大小而定。相邻两架间，留宽 60～70 厘米的作业道。耳房(棚)经常规消毒，挂上耳袋后，用塑料薄膜围护，以保温、保湿，便可成为简易的发菌室和栽培室。

(三)吊袋管理

接种后，将菌袋直接吊挂在上述消过毒的培养架上。1～4 天保持室温 26℃～28℃，5～12 天降至 23℃～25℃，空气相对湿度 65％左右。12 天后至出耳前，温度调为 21℃～25℃，空气相对湿度 75％左右。在温、湿度等条件适宜的情况下，12 天后菌丝即可长满料面。此时应揭开胶布的一角增氧，穴口宜面向地面。待接种口吐黄水时，再将胶布缝隙揭大，用脱脂棉吸干黄水，并用报纸覆盖整个菌袋，以便于喷水保湿。耳基形成后，揭去胶布，空气相对湿度初期控制在 85％～90％，随着幼耳长大，逐步增加空气相对湿度至 95％，室温控制在 22℃～25℃。前期轻微通风，以后逐渐加大通风量，以保证氧气供应充足。当子实体呈白色半透明的牡丹花或菊花状时，即可采收。采后再按上述方法管理，可先后采耳 3～5 潮。

四、袋料套袋式高产栽培法

此法特点是用双层塑料袋栽培，利用外袋套内袋代替封口胶布。可简化栽培操作和管理工艺，既可提高生产效率，又可防止杂菌污染，值得推广使用。其具体做法如下。

(一)装袋灭菌

采用规格 12 厘米×50 厘米×0.0035～0.004 厘米的低压聚乙烯筒膜做装料袋，按常规方法配料装袋，扎紧袋口，并将袋面黏附的培养料擦洗干净。另取规格为 12 厘米×55 厘米×0.008 厘米的低压聚乙烯筒膜做外套袋筒，先扎紧一端，再将已装好的料袋塞进筒内，上端用橡皮筋扎口，按常规方法常压灭菌。

(二)打穴接种

事先准备一只专用电烙铁打穴器(又叫打孔器)。可购一 45 瓦的市售电烙铁，将烙铁前端弯头锯掉，保留其柄部，长约 25 毫米;用一根长约 12 厘米、直径 3.8 厘米的金属棒，加工成长锥形，然后再装在烙铁头上，用螺钉固定。接种时，接通电源，使烙铁预热，即可在预定的料袋部位打接种穴，穴深视需要而定。因为电烙铁一直处于高温状态，故采用电烙铁打穴能杀灭一切黏附的杂菌，且操作十分方便。接种时，解开外套筒的橡皮筋，将料袋从套筒内抽出至所需接种部位，用电烙铁打穴器在料袋同一平面上等距打穴，穴径约 4 厘米，将菌种块压入穴内;再将菌袋塞入外套筒内，重新用橡皮筋扎口,置培养室内发菌。

(三)栽培管理

接种 5～7 天后,使接种穴向上,将菌袋平排于床架上;14 天后,当接种穴内有茸毛状白色菌丝出现时,松动橡皮筋,以补充外套筒内的氧气;18 天后,袋内有黄水出现时,去掉外套筒,覆盖无纺布或报纸,喷水保湿,按常规管理出耳。外套筒洗净晾干后,可重复使用。

五、菌袋切段畦栽高产法

所谓菌袋切段畦栽法,是将菌丝长满的菌袋从中切段,使之形成两个较大的出耳面,排放在畦床上,并在断面铺一层细煤炭渣,既能保湿,又可防止杂菌污染。其技术要点如下。

(一)发菌培养

培养料可采用以下配方:杂木屑 78%,米糠 20%,蔗糖、石膏粉各 1%。也可采用其他配方。用 12 厘米×50 厘米的聚乙烯塑料袋装料,按常规方法灭菌、接种,在 25℃条件下发菌,经过 13～15 天,菌丝即可在袋内长满。

(二)切段覆渣

选地势平坦、排水方便、通风向阳的场地,向下挖深 25 厘米、宽 1 米的畦床,四周开排水沟。将菌袋表面用 0.1%来苏儿液消毒,然后将菌袋放在经消毒后的砧板上,用利刀将菌袋等切为两段,依次立排在畦床上;使断面向上,并在底部填土,使菌袋的断面保持平齐,随即用经过粉碎并冲洗过的干净煤灰渣,薄撒在菌袋的断面上。当菌袋在畦床排满后,在床面加盖薄膜保温、保湿,以利于菌丝愈合。

(三)出耳管理

菌袋切断后,菌丝体中积累的养分向受创的断面输送集中,在煤渣的物理刺激作用下,有利于原基的分化。煤灰渣还能保护断面的菌丝,可防止杂菌污染。切断后培养 5～6 天,在床面喷雾化水,使空气相对湿度提高到 80%～85%,2～3 天从煤灰渣表面即可出现大量耳芽。此时应用拱形竹片将薄膜支架起来,使之呈小拱棚状,并在上面加草苫等遮阴。每天喷水 2～3 次,提高空气相对湿度至 90% 以上,并加强通风管理。采收第一潮银耳后,停水 2～3 天,并加大通风使耳袋表面干燥,3～4 天后再进行水分管理,经 8～10 天可采收第二潮耳。通常可收 2～3 潮,出耳期约 40 天。

(四)注意事项

采用这种栽培方法,要特别注意以下两点:一是畦床的渗水性要好,以防积水过多,使培养料腐烂;二是所用煤灰渣应选经过锅炉使用、燃烧较彻底的煤灰渣,使用前一定要浸洗,至浸洗液呈偏碱性为宜。

六、墙式出耳高产栽培法

袋栽银耳时,常在袋壁形成大量的耳芽,耳芽受开孔所限,不能全部长大,因此营养浪费很多;而且菌袋开口后,在管理过程中,易遭杂菌的侵染。采用墙式两端出耳栽培法时,由于出耳面集中在菌袋的两段,养分供应相对集中,能增强抗污染能力,子实体生长旺盛,朵大肉厚,直径可达 20 厘米以上,单朵重能超过 400 克,商品性状好。与吊袋法相比,其污染率可降低 60%,生物学效率可提高 25%～30%。另外,此法还具有节省成本、便于管理等优点。此法尤其适合生产高品位的出口银耳。现将其技术要点介绍如下。

(一)菌袋培养

培养料配方,可选用本章介绍的培养料配方。菌袋材料,可采用规格为 17 厘米(折径宽)×35 厘米(长)的低压聚乙烯薄膜料筒,在两端分别套塑料颈圈,以便两端接种。按照常规方法配料、装袋、灭菌、接种。然后按照常规,将菌袋置于适温下进行遮光培养。经过 12～15 天,菌丝可在袋内长满。

(二)搭棚上堆

选择地势平坦、排水方便、向阳通风的场地搭建简易出耳棚,四周开好排水沟。为提高保湿效果,可在耳棚地面上铺一层干净的河沙。菌墙呈南北向排列,先用砖块在地面上垫墙脚,高 6～12 厘米,宽度可稍大于菌袋的长度。然后将菌袋搬入出耳棚,脱去两端塑料颈圈及棉塞,改用细线扎口,使菌袋两端向外,并列卧放在墙脚上,共堆 10～15 层。为保持菌墙的稳定性,菌墙两端要加支撑物固定。在堆袋过程中,每排菌袋上都要覆盖一层无纺布(或报纸、牛皮纸)作为遮光材料,使菌袋两端暴露在散射光中。耳棚内可设多行菌墙,两个墙面间保留 80～100 厘米的距离,作为操作时的人行道。

(三)出耳管理

菌袋堆墙后 3～5 天,在光的诱导作用下,菌袋两端即有银耳原基出现。此时可解开袋口绳线,但不要过早地散开袋口,使袋口能维持较高的相对湿度,改善通气状况,更利于耳芽大量发生。

由于养分较集中,采用这种出耳方法时,袋口分化耳芽往往过密,而不利于商品耳的形成。可以在耳芽大量形成后,将袋口剪去,用高压水枪的水流冲击,破坏部分幼嫩耳芽,保留一部分健壮耳芽,从而达到疏耳的目的。其后则用喷雾法,使耳棚内保持85%～90%的空气相对湿度。待耳面平展时,用刀割下,并割除残留耳基。然后停水2～3天,待创口愈合后再进行水分管理。采用此法,由于菌袋开口面较大、出耳集中,在管理中要特别注意保湿,防止培养料脱水。对出现的流耳要及时处理,并加强病虫害的防治。

七、利用干湿差的高产栽培法

根据西北气候干燥的特点,在袋栽技术的基础上,采用干湿差栽培法,可把干燥不利的条件变成抑制杂菌生长的有利因素。通过用人工小气候,不仅能减少大气干燥对银耳生长的不利影响,还能降低污染率,生物学效率可达100%以上。此法极适合西北干旱地区采用。

(一)耳袋制作

培养料采用木屑或棉籽壳培养基,按常规要求配制,栽培袋规格为17厘米×34厘米聚乙烯薄膜袋。培养料装袋、常压灭菌、料温冷却至28℃以下后,在料袋侧面打2个接种穴(穴距11厘米),按照常规接种。

(二)发菌管理

接种后,将菌袋搬入已灭过菌的培养室内,发菌培养。前半个月室温保持在25℃左右,以利于香灰菌丝分解木质纤维,以后则把温度降到22℃左右,以利于银耳菌丝扭结。在未揭开胶布之前,室内不必进行水分管理,使之尽量通气,造成尽可能干燥的环境,以控制杂菌生长。实践证明,这种管理方法对防止杂菌污染极为有效。

(三)催蕾管理

接种 18 天后,贴胶布处稍见凸起,即可将胶布撕开,留一条小缝,以利于通气增氧。同时,检查是否有白毛团及黄水分泌,如有黄水,应将穴孔向下,将黄水倒干净,并开始湿度管理。白天可通风 2 次,每次 10～15 分钟,使干湿球温差增大到 4℃～5℃。若干球 22℃,湿球通风时降到 17℃～18℃,即空气相对湿度降至 60%～65%时,可停止通风并进行空间喷雾和地面浇水,使空气相对湿度再回升到 80%～85%,即干球 22℃、湿球 20℃左右,干湿球温差缩小到 2℃以内。夜间,可用经过高温灭菌的报纸浸透水,于通风后盖上,不必进行水分管理。这样干湿交替,使子实体所处空间的二氧化碳浓度高低交替,对催蕾有利。

(四)出耳管理

在上述培养条件下,从接种到出耳仅需 20 天左右。当穴内原基明显出现时,应将胶布全部揭掉,并将生长一致的耳袋集中排放,同时每天通气、喷水 3～4 次,方法同前。夜间仍用潮湿报纸覆盖,但不再进行通风和水分管理。这一阶段喷水量要适当增加,使空气相对湿度提高到 80%左右。在保湿的同时,加强通风,以保持室内空气新鲜。

幼耳出现后,要按大、中、小分类集中管理。同时,要用刀片在耳穴周围薄膜上呈辐射状割开切口,以利于幼耳生长;若耳基已将孔穴周围薄膜顶起,可用剪刀将薄膜剪去,扩孔培养。这一阶段,随着耳片表面积的增大和代谢的加强,水分消耗也增多,因此要适当多喷水,即在耳片晶莹剔透时用水稍少,干缩变黄时多喷。在接种后 33 天左右,耳片充分展开即可采收。采耳前要停水 1 天。

八、室内床架式瓶栽高产法

所谓瓶栽,就是用罐头瓶或广口瓶进行瓶外开片栽培的一种方法。它具有瓶子可连续使用、管理方便、产量稳定、取材容易、技术简便、成本低廉、见效快、收益大等优点,每 100 千克干料可收干银耳 8～12 千克或更多。瓶栽的缺点是装料较少,一次只能长 1 朵银耳,但朵型大;容器虽可反复利用,但易破损,操作不大方便,因此只适于较小规模的生产。

(一)栽培季节

同本章第一节袋栽的栽培季节安排。

(二)装瓶灭菌

瓶栽的培养料配方和袋栽法相同,可任选一种。装瓶时,把配制好的培养料,装入 500～750 毫升的罐头瓶中。边装料边用捣棒适当压实,保持上下松紧一致。当培养料装至瓶口下 0.5 厘米处时,再用捣棒尖的一端于料中间打一个深 2 厘米、直径约 1.5 厘米的接种穴。然后把瓶壁外擦洗干净,揩干瓶口,用塑料薄膜覆盖瓶口,并用橡皮筋或塑料绳扎紧;或在塑料薄膜的中央留一直径 1.5 厘米的接种孔,薄膜外面再包上一层牛皮纸,进行高压灭菌或常压灭菌。高压灭菌,在 126℃ 左右灭菌 2 小时;常压灭菌,在 100℃ 条件下灭菌 8～10 小时。要求当天配料,当天装完,当天灭菌。如果采用高压灭菌,封口材料应采用耐高温的聚丙烯塑料薄膜,并用细绳扎紧,接种后,可改用橡皮圈扎紧。

(三)接种培养

灭菌后,把培养瓶取出自然冷却至 28℃ 以下,然后放在无菌箱(室)中,按无菌操作要求进行接种。接种时,先用接种刀或接种匙去掉栽培种瓶内的银耳原基,并将原基下方的银耳菌丝和瓶中的香灰菌丝充分搅拌均匀。用接种匙取出花生米大小的菌种一块,快速准确地放入接种穴,轻轻压实,包上塑料薄膜,用橡皮圈扎紧。一般1瓶菌种可接50~80瓶。接种后,把栽培瓶移到发菌室中,控温培养。头4天保持温度25℃~28℃,诱发菌丝萌动。菌丝萌动后,可稍通风,使香灰菌丝尽快萌发生长到接种穴的周围,以减少杂菌污染;4天后,室温控制在20℃~25℃;再经3天培养,接种口上即可出现白色菌丝;接种8~10天以后,当菌丝在培养基中向下生长3~4厘米时,为增加氧气的供给,可进行第一次套高,即松开瓶口的绳子,去掉塑料薄膜,换上3~4厘米高的牛皮纸套,以促进菌丝生长。培养10~15天,接种块的菌丝变粗壮,出现红、黄色水珠,并开始形成银耳原基。这时,要进行第二次套高,换上5~6厘米高的牛皮纸套。换套时,要倒去瓶内积水,防止烂耳。同时,还要增加培养室的通风量,每天通风3次,每次15~20分钟;并将房内空气相对湿度提高到80%左右,以促进子实体的形成。

(四)出耳管理

栽培房应选在通风良好、光照充足的地方。为提高房间的利用率,室内应搭栽培架放置栽培瓶。栽培架的大小和高度,可视房间的大小灵活掌握。为了喷水增湿和采收方便,栽培架层与层之间的间隔要适当高一些,一般情况为35厘米左右。栽培房的密闭条件要好,以便于消毒和保温。

培养瓶在发菌室中经15~20天的培养后,应及时把原基出现速度一致、耳基大小差不多的瓶子集中排在栽培房的同一架子上。当耳基长出瓶口时,就应把纸套拿掉,瓶口上覆盖报纸或纱布。随着子实体的长大,空气相对湿度要提高到90%~95%。可采用空中喷雾、地上浇水、耳面快速喷雾等方法提高空气湿度。室温保持在23℃～25℃,每天通风3次,每次30分钟。报纸或纱布上要定时喷水,保持报纸或纱布下方有一定的湿度,或把架子每一层的周围用塑料薄膜或纱布密封起来,使每一层都成为一个保温、保湿的出耳单元。塑料薄膜和纱布,必须掀闭方便,以便于喷水、观察。喷水的次数和数量,要视栽培场所的气候条件而定。从子实体出现到采收,湿度应控制在使耳片洁白光泽为宜。子实体成熟时,若遇阴天,应立刻停止喷水,并打开门窗或开风扇,增加通风,以免烂耳。为了使银耳色泽好,栽培房中必须有明亮的光线。如果栽培房的光线较弱,耳片容易发黄;在光线明亮的栽培房中,耳片则较为洁白。

(五)采收与采后管理

一个瓶子一般只能长出1朵银耳。当耳片全部展开并已停止生长时,就应及时采收。采收时,用不锈钢刀片或竹片刀沿耳片基部切下。若留下鲜黄色的耳基,则还可以再生。子实体采收后,应将耳基上的杂质刮掉,必要时也可以用清水洗干净,然后晒干或烘干。如遇雨天,大量的鲜耳烘不完时,可暂时将其贮藏在清水中,雨后立刻捞出晒干或烘干。

第一潮耳采收后,将培养瓶置于20℃～25℃条件下,并停止喷水。若耳基分泌的黄水多,应及时倒掉。2～3天后,耳基开始出现白色的耳片,就可恢复正常的水分管理。一般情况下,10天后又可以采收第二潮银耳子实体。每瓶可采收2～3潮。

九、反季节栽培高产法

银耳为中温型菌类,其传统生产方式多是利用春、秋两季自然气温适宜的条件进行栽培,而夏季气温高、冬季气温低,均不适合银耳生长。然而每年的夏季、冬季正是银耳产品市场旺销季节,往往产销不平衡。为了调节银耳产季,各地栽培者经过不断试验,研究成功了银耳反季节高产栽培的技术。

　　银耳的反季节栽培,最关键的是要有夏热能降温、冬寒能升温的配套设施。要实现这一目的,就必须对常规的耳房(棚)进行适当改造。现将银耳反季节栽培的技术要点介绍如下。

(一)反季节夏季栽培

　　1. 菌株选择　夏季栽培选用的菌种应以中偏高温型的为主,如 RP3 等菌株。

　　2. 时间安排　夏栽银耳,在南方适合于海拔 700 米以上的山区,菌袋接种期为 3 月中下旬至 8 月下旬,可先后接种栽培 4 批;北方各地,只要夏季气温不超过 30℃ 的地区,均可在夏季栽培,菌袋接种期为 4 月上中旬至 8 月上旬,可先后接种栽培 3~4 批。

　　3. 制作菌袋　夏季温度高,水分易蒸发,培养料含水量可适当提高。用棉籽壳作栽培原料时,应选纤维含量多、棉仁粉含量少的原料,并添加适量稻壳、谷壳等,以增加培养料的通气性。装料要稍为疏松,以利于散热,加速发菌。装料完毕,即可按常规灭菌,特别注意灭菌要彻底。

　　培养料灭菌后,要选午夜气温低时接种。接种后,将菌袋置于清洁、阴凉、通风、避光的房(棚)内发菌。菌袋排列要稀疏,以防袋温上升快。室内温度应控制在 30℃ 以内。如温度过高,应加强通风降温,但禁止喷水降温,以免高温、高湿引发杂菌危害。有条件的也可安装空调降温。经过 3~4 天的发菌,要及时翻袋、疏袋散热,以降低袋温。要勤检查,发现污染,要及时处理。

　　4. 搭建耳棚　夏季栽培银耳,要搭建好度夏耳棚(又叫野外荫棚、野外草棚、野外耳棚)。宜选择树林郁闭度好、没有西照、近水源、地面平坦、通风良好、环境卫生的场地,搭建耳棚。耳棚的具体式样、规格、设置等，各地可因地制宜。福建古田等地常见度夏耳棚的搭建方式，多是采用"外棚套内棚"。外棚又叫荫棚，长 15～20 米，宽 4 米，中间高 4 米，两边高 3.2 米，棚顶用木板或竹条搭盖成"∧"形；棚顶内衬固定的塑料膜，上盖防雨塑膜，以及芒萁等野草（视情况，可再加盖 1～2 层 90％密度的遮阳网），外棚四周围上活动的塑料膜，以利于温湿度调节及管理，塑料膜外再围草苫，并挂上防虫网。有的耳农在外棚顶上安装喷水头，中午气温高时，可打开开关喷水降温。一般每个外棚内设 4 个内棚，内棚呈"∩"形，排放 2 个床架。床架外柱高 2.5 米，内柱高 2.75 米，设 5～6 层，层距 25 厘米，底层离地 15 厘米，顶层外边离棚顶 25 厘米，内边离棚顶 50 厘米。床架宽 90 厘米，刚好排放 2 个菌袋。两床架之间设 60～80 厘米宽的走道。架顶用弓形竹片拱起，用塑料膜覆盖 2 个床架，并安装通风设备。同时，内棚内还要设置日光灯，以调节光照。这样的设计，外棚主要起防雨、遮阴的作用，内棚则主要起调节温度、湿度、通风和光照的作用。有的耳农，将外棚做成简易的拱形棚，外用黑色塑膜围罩，栽培效果也很好。

另外，外棚内也可以不设上述规格的内棚，也不搭设床架，而是采取畦床式栽培，即将菌袋卧倒排放在地面畦床上，穴口朝上。畦床四周开好畦沟（灌水沟），通过灌水，更好地辅助降温增湿。视情况，还可在畦床上搭建小拱棚，棚架上覆盖黑色塑膜等。如此栽培，利用地温比空间气温低的优势，再加上灌水等措施，可以让畦床上的菌袋更好地长耳。

5. 出耳管理 夏栽银耳，菌袋在室内培养 8～12 天，当每个接种穴的菌丝圈直径达 10 厘米左右，相邻两个接种穴的菌丝圈将要相互连接时，就可搬到度夏耳棚内，排放在床架上或畦床上。排袋时穴口朝上，袋间距离 3～4 厘米。培养 3 天后撕去穴口胶布，同时割膜扩穴覆盖报纸，并喷水保湿。采用划线增氧的，去掉穴口胶布后,覆盖报纸喷水增湿,当幼耳长至指头大时,进行袋旁两边划线增氧。

夏季野外荫棚栽培银耳,其温度变化一般在 17℃～30℃,对银耳的生长不会产生较大的影响。管理的难度,主要是防暑降温,其他管理较为方便。若气温过高,应尽量疏袋排放,拉宽袋间距离。架床栽培的应把顶层 2 层菌袋搬到下层。同时,采取降温措施,将覆盖的薄膜两头掀起通风降温,也可在棚顶及四周浇水降低棚内温度,畦床式栽培的可在畦沟内灌跑马水。夜间气温下降时,要盖好薄膜。另外,夏季气温高,病虫害较多,要特别注意害虫和银耳红粉病(由单端孢霉引起)、红银耳病(由红酵母菌引起)等的防治。

由于野外荫棚的周围环境空气清新,供氧充足,故银耳子实体生长迅速,朵型美,叶片厚,子实体重。如管理得当,可比一般耳房内栽培增产 20％左右。

(二)反季节冬季栽培

1. 菌株选择　冬季栽培可选用中低温型的菌株,如 RP5 等。

2. 时间安排　这里所说的银耳冬季栽培,主要还是指南方的大部分地区。可是在北方的大部分地区,不仅冬季寒冷,就是在初春(甚至仲春)时节(即 2～4 月份),自然气温也还是较低的。所以,我们所说的银耳反季节冬季栽培,只是一个简化的说法,实际上是指银耳的反季节冬春季(冬季及初春)栽培。

其时间安排,在南方各地,一般在 12 月份至翌年 2 月份,期间可栽培 1～2 批;在北方各地,则是指 11 月份到翌年 4 月份这样一段较漫长的冬春寒冷季节,期间可栽培 2～3 批。

3. 制作菌袋　冬春季栽培,多以棉籽壳为原料。宜选粉仁多、易粘手、呈现绿色或红褐色、黄色的棉籽壳,这样既富含纤维素,氮源也较丰富。装袋要紧实,可增高袋内温度,有利于冬·春季银耳菌丝发育。灭菌接种如常规。

发菌室要求清洁干净，保温性能好，又要利于通风换气，事先必须进行消毒。菌袋搬入后，将接种穴朝上，摆放在培养架上，或呈"井"字形堆码，但注意堆码时不能遮压接种口。开始时，室内温度保持在 25℃～27℃、空气相对湿度在 70% 左右，培养 4～5 天，促使香灰菌丝迅速萌发生长。然后降低温度，控温在 23℃ 左右，不能低于 20℃，并把空气相对湿度控制在 85%～90%。银耳是好气性真菌，不能在升温的同时，忽视通风换气，故在整个发菌期间，一定要注意通风。如室内通风不良，缺少新鲜空气，二氧化碳积累过多，会造成菌丝发育不良，最终影响银耳的产量和质量。开门窗通风，可在晴天中午气温较高时进行。

4. 耳房（棚）要求 无论南方、北方，在冬、春寒冷季节栽培时，均可利用现有的旧耳房，在耳房旁边开设火坑燃烧口，房内地砖砌通烟道，低温时在火坑烧火，让火烟透过房内通烟道，增加室温。同时用塑料薄膜罩住耳房四周及顶部，提高保温性能。此外，还要设置排气窗，开好通风口，使耳房内的废气能及时排出。只要保持耳房内温度不低于 18℃，又有良好的通气状况，就可以使银耳在冬春季正常生长。另外，北方地区还可采用日光温室、太阳能温床，或有暖气设备的塑料大棚等作为出耳房（棚）。

5. 出耳管理 冬、春季发菌较为缓慢，银耳菌丝的发育进程通常要比常规季节发菌延迟 3～5 天。故一般需在室内培养 12～16 天，当相邻两个接种穴的菌丝圈将要相互连接时，才可将菌袋搬入耳房（棚）内，上架排放；揭布敞口增氧、盖布（纸）、喷水保湿，引诱原基发生。再经 2～3 天培养后进行割膜扩穴，采取划线增氧的按划线增氧工艺操作。

冬、春季栽培，出耳期的管理关键，一是要控制好温度，此时加温不能低于 18℃，争取达到 23℃，但也不能高于 25℃，否则对银耳生长发育不利，易出现僵耳、黄耳、烂耳等现象。冬、春季耳房

（棚）内上、下层温差较大（上层温度高，下层温度低），导致床架上下层温度不均，故需经常打开室内上方的微型吊扇，或将电风扇在地上卧倒排放，让风由下向上吹，以尽量使室内上下层温度均匀。二是要注意控制空气湿度，由于是升温培养，水分易蒸发，可在地面和四周经常喷水保湿，但水不能直接喷到耳体上。三是注重通风换气，如缺乏新鲜空气，就很难形成晶莹硕大的子实体。可在中午短时间开门窗通风换气，不可片面追求保温，而紧闭门窗不通风，造成菌丝缺氧窒息，影响子实体展片。但开窗通风要防止西北风直吹耳体，以免引起耳基受冻瘁烂。通风时间也不宜过长，否则，室温急速下降，银耳菌丝和子实体受到剧烈的变温刺激，会大大降低活力，影响正常生长；同时，室温下降后，重新增温又需加热，会消耗很多能源。还要注意的是子实体生长期，不宜采用燃烧煤炭直接保温，以免造成房内缺氧，影响子实体正常生长。

冬、春季节气温低，在管理上往往容易顾此失彼，所以要协调好保温、保湿、通风换气三者之间的关系，只有这样，才能获得冬、春季银耳栽培的优质高产。

（三）周年栽培模式

若将上述的反季节栽培和传统的一年春、秋两季的生产模式有机结合起来，就可进行银耳的周年栽培，从而可以更好地实现银耳产品的均衡供应，大大提高耳房（棚）的利用率，并大大提高银耳栽培的经济效益。

现就以福建等南方省（自治区）银耳周年栽培的季节安排为例来做说明（表5-1），北方等地也可参考。

表 5-1   南方地区银耳周年制栽培温区划分与季节安排

温区与海拔	栽培季节	接种月份	技术措施
低温区 （700 米以上）	春、夏、秋	4～10	早春加温发菌，不低于 23℃，长耳不低于 18℃。发菌期防有害气体
中低温区 （400～700 米）	春、夏、秋、冬	3～5、9～11	冬、春加温发菌、长耳；夏秋疏袋散热降温，或在野外荫棚等处栽培
中高温区 （300～400 米）	春、秋、冬	2～3、9～11	春季不低于 23℃，秋季不超过 28℃，注意疏袋散热；冬季加温
高温区 （300 米以下）	春、冬	1～2、11～12	春季不低于 23℃；冬季长耳不低于 18℃，做好保温、通风

注：海拔每升高 100 米，自然气温降低 0.6℃左右。

十、银耳—滑菇高产高效周年栽培法

银耳—滑菇高产高效周年栽培技术，是根据银耳属于中温结实型菌类，而滑菇属于低温结实型菌类的特点，在同一个菇棚内进行两菌周年生产。夏、秋季栽培银耳，冬、春季栽培滑菇，提高了土地、菇棚的利用率；同时，利用银耳废菌糠栽培滑菇，废料得到了循环再利用，变废为宝，降低了生产成本。

据福建省屏南县食用菌办公室陈爱靖（2012）报道，福建屏南县海拔 800 米以上地区，气候温凉湿润，夏无酷暑，冬无严寒，极有利于银耳、滑菇等菌类栽培。近年来，他们采用这一栽培方式，单位栽培面积效益可提高 1 倍多，经济、社会效益十分显著。其栽培技术要点如下。

(一)栽培季节安排

每年的 5～9 月份为银耳的栽培期,在这期间可生产 2～4 批银耳;滑菇每年在 2～4 月份制袋,9 月份至翌年 4 月份采收。

(二)菇棚搭建

菇棚的搭建,同本章第九节"反季节夏季栽培"中所讲的"外棚套内棚"的内容。滑菇是喜湿的菌类,栽培滑菇时,内棚要用塑料膜从头到尾全部盖住;外棚四周的围帘调密些更利于保湿。棚顶的遮阳物疏密程度要根据不同季节调节:9～11 月份调节为"七阴三阳"甚至全阴,12 月份至翌年 2 月份棚顶可调稀疏些,以提高棚内温度。

(三)主要栽培技术

1. 银耳栽培与管理

(1)培养料配方　棉籽壳 61%,银耳菌糠 20%,麦麸 18%,石膏粉 1%。

(2)制袋　选用 12 厘米×52 厘米×0.004 厘米低压聚乙烯塑料袋,每袋装干料 630 克,然后把袋口用线扎好,袋子正面用打孔器均匀地打上 3 个接种穴,穴口用胶布贴封,常压灭菌 100℃保持15～18 小时,接种、发菌均如常规。

(3)出耳管理　接种后 13～15 天,将菌袋搬到耳棚层架上割膜扩穴,盖上报纸并喷水保湿,当银耳子实体直径长至 4～5 厘米时,将报纸取下,直接朝耳片喷雾化水,每天 2～3 次。长耳期要注意通风换气、干湿交替刺激,使子实体肥厚。接种后第三十天左右,子实体长至直径 12 厘米左右时,进入成熟期。银耳成熟期要停水造型,停止喷水后 7～10 天,就可采收。

2. 滑菇栽培与管理

(1)培养料配方

配方1:杂木屑59％,银耳菌糠30％,麦麸10％,石膏粉1％。

配方2:银耳菌糠83％,麦麸12％,玉米粉3％,碳酸钙、石膏粉各1％。

(2)制袋　选用13.2厘米×55厘米×0.004厘米低压聚乙烯塑料袋。南方山区空气湿度比北方要高,为了提高成功率,采用熟料栽培,仿银耳栽培方法制作菌筒,仿银耳菌筒接种方法打穴接种。平均每袋装干料800克,常压灭菌100℃保持16～22小时,接种后,搬到培养室自然温度发菌。

(3)出菇管理　清理银耳耳棚内外,做好周围环境卫生,并用硫磺熏蒸消毒。到9月下旬菇棚气温稳定在20℃以下时,将滑菇菌袋上架。上架7～10天,割膜扩穴,并挖去老菌块,接种口朝上,盖上报纸并喷水保湿。滑菇是一种喜湿的菌类,因此要使空气相对湿度达到90％以促其现蕾。现蕾后掀去报纸,接种口若有积水,要及时倒掉。现蕾后,每天喷水2～3次,注意通风换气,空气相对湿度保持在85％～95％为好。按照收购标准适时采收。一潮菇采收后,停止喷水10天左右,使菌丝充分复壮,积累养分,而后再通过喷水增湿,进入催蕾管理。

十一、在大棚内与其他菇菌轮作高产法

近年来,在许多城市郊区,大量的蔬菜塑料大棚被用于栽培食用菌或进行菇菜间种等,提高了大棚的利用率和经济效益。现就以上海地区为例,将大棚耳菇轮作技术介绍如下。

(一)季节安排

大棚内适于银耳出耳的月份,据上海地区塑料大棚显示的温度：5～6 月份：18℃～24℃；9～10 月份：19℃～25℃。而春、秋两季，棚内空气相对湿度在 93%～95%，正适宜于银耳子实体生长。按照上述适温适湿的长耳期，可提前 15～18 天装袋、灭菌、接种，并在室内发菌培养。

（二）进棚出耳

当菌袋培育 13～15 天，菌丝发育走到袋下部相连接时，搬进大棚内的培养架上排袋；同时，揭开穴口胶布、割膜扩穴一步到位，并盖纸喷湿。采取袋旁划线增氧时，揭开穴口胶布后，先盖纸喷湿6～7 天，再划线增氧。由于大棚内空气湿度较大，出耳阶段一般不需要喷水。干燥天空气相对湿度低于 80% 时，应在盖纸上喷水增湿。注意通风换气，使棚内空气新鲜。棚顶需盖草苫或遮阳网，尤其秋季更要防止阳光照射。一般在大棚内长耳只需 20～25 天即可收获。采收后将废菌袋及时清理出棚，然后继续将发好菌的菌袋，搬入棚内上架出耳。如此，在春、秋季 4 个月，可连续安排 5批出耳。

（三）轮作品种

大棚除栽培银耳外，还有 8 个月时间，可选择温型适合的菇耳进行轮作。上海塑料大棚内 1～3 月份，月平均温度在 4℃～12℃，适合栽培低温型的金针菇、真姬菇等；7～8 月份月平均温度24℃～28℃，适于栽培高温型的金福菇、鲍鱼菇、白背毛木耳等；11～12 月份，适于栽培中低温型的秀珍菇、杏鲍菇、猴头菇等。这样多品种轮流栽培，一年四季不断生产菇、耳，可形成周年制栽培模式，生产效益数倍增长。

（四）注意事项

塑料大棚栽培菇、耳时，要及时掌握气温变化。例如，上海地区棚内秋季9月份极高气温可达29℃以上。银耳菌袋入棚开口扩穴时,袋温自身热量增加,如果再遇极高气温,必然会使菌丝受到严重危害,而导致栽培失败。因此,必须注意天气预报,回避极高气温进棚出耳,以保成功。由于大棚密罩,空气相对静止,因此必须设置微型吊扇,开设通风口,安装排气扇,使棚内空气流畅,氧气充足。

国内其他地区,也可根据当地气温变化规律,借鉴上述方法,灵活安排菇菌轮作。

十二、营养罐安全高产栽培法

银耳营养罐安全栽培具有3个特点:一是产品质量优。营养罐采用透明塑料两节罐,下部为培养基,上部为子实体生长发育的空间,设过滤层过滤空气。银耳从接种到采收,全程不喷水、不喷药,环境洁净,达到了有机食品的要求。二是鲜活性好。培养基连同鲜活的洁净子实体,整体进入酒楼、餐馆的橱窗,顾客可现点现取现炒,食料更干净、安全。三是观赏性强。罐内子实体像一朵晶莹剔透的牡丹花,置于4℃低温商品橱展销,货架期可达30天;28℃以下常温售卖,货架期约15天,消费者可购买到具有艺术观赏价值的保健食品。其具体栽培方法如下。

(一)营养罐设置

营养罐是近现代银耳工厂化生产的一种新型栽培容器,以聚丙烯(PP)为原料,通过模具热注成型,具有透明、耐光、耐高压的特点。罐高18厘米,直径8.5厘米,罐中间螺纹旋合,下半部高9厘米,装载培养料,每罐装干料量160克;上半部高9厘米,其罐顶中心设通气口高1厘米,口径3.5厘米,装有海绵过滤片,配有塑料口盖。每罐可长鲜耳约200克。

（二）培养料要求

按照有机食品的要求选择主、辅料、添加剂和水等，检测砷、铅、镉、汞含量及农药残留量，确保不超出规定的标准后，再将主、辅料做暴晒等处理。培养料配方：杂木屑 78％，麦麸 18％，玉米粉 2％，蔗糖、石膏粉各 1％，料水比 1∶1～1.2，含水量 60％左右。将培养料加水搅拌均匀，调节 pH 值在 6～7。夏季栽培含水量须适当提高。

（三）装料灭菌

有条件的单位可购置自动化装料机。将营养罐装入塑料周转筐内，一筐装 24 罐。罐口对准输料筒口，一次装成 24 罐，每台每小时可装 6 000 罐。手工装罐的，先集中排放罐，将料撒放于罐面，用竹扫帚来回扫动，使料落入罐内，并用手掌扣实；当填料至离罐口 2 厘米左右时，再次扣实。之后在料中央打 1 个深 2～3 厘米的接种穴，随手封好罐盖，清理罐面残料。装料后高压灭菌，121℃保持 2 小时；或常压灭菌 100℃保持 16 小时，然后卸出冷却。

（四）接种发菌

待料温降至 28℃以下时，把罐搬进无菌箱（室）内。接种时打开罐盖，将银耳菌种迅速通过酒精灯火焰区接入料穴中，菌种低于料面 1 厘米，随手封盖。然后置于 24℃～28℃，空气相对湿度 70％以下的培养室内发菌培养 5 天，期间适当通风。当穴口白毛团涌现时，在无菌条件下，去掉罐盖，罩上上半部透明罐，并顺螺纹旋紧。

（五）控温培养

营养罐栽培银耳从接种到成耳出品，约需 30 天，管理上主要为控制温度。发菌 5 天后揭盖罩罐时，温度以 23℃～26℃为好，再过 3 天,调低 3℃刺激 1～2 天,以诱发原基;揭盖罩罐 10 天后温度保持在 23℃～25℃,不超过 28℃。一般接种后 13～15 天,原基可形成碎米状的耳芽,伴有棕色水珠,逐日长大。出耳期间,控制空气相对湿度为 70%～75%,每天早、晚通风换气,光照度为 100～500 勒。

(六)成品运销

营养罐银耳成熟标准:子实体直径 6～7 厘米,色洁白,晶莹透亮,耳片舒展无结蕊,朵型美观。成品按每 24 罐或 32 罐纸箱包装,采取低温流通,冷藏运输,保鲜商品橱展销。银耳采割后,将罐底打洞,利用罐内废料可栽种花卉等,或取料作花肥施用,对环境无污染。

其他食用菌栽培,也可借鉴该技术。

十三、安全罩袋高产栽培法

银耳安全罩袋栽培,类似于营养罐栽培,其容器为聚丙烯塑料袋,分为上、下袋,下袋为"营养袋",用来装载培养料;上袋作为"安全罩",在袋旁开一个 2 厘米×3 厘米大小的方形通气口,用过滤纸封口,以过滤空气,防止蚊虫进入。这是在银耳无公害生产的基础上,按照绿色和有机栽培的要求设计的。其特点是在银耳菌丝生理成熟,进入子实体生长期时,及时揭去袋盖,套上薄膜安全罩。"安全罩"使用方便,大小随时可以变换。试验证明,其口径大小与子实体朵型有密切关系,可根据消费者对朵型的需求设定其规格。一般每袋长银耳 1 朵约 250 克,运输方便,成本低。其具体栽培方法如下。

(一)营养袋制作

以棉籽壳、麦麸、石膏粉等为原料,按照无公害生产栽培基质要求和袋栽常规配方,加水拌匀,培养料含水量 55%～60%。可选用 15 厘米×25 厘米聚丙烯成型折角袋作为"营养袋",每袋装干料 175 克左右,袋口用塑料套圈加盖。装袋后高压灭菌,121℃保持 2.5～3 小时。取出冷却后,按常规无菌操作接种,盖好塑料盖,移入培养室内发菌培养。

(二)菌丝培养

培养室室温保持在 23℃～25℃,每天通风 1 次,每次约 1 小时。经 15 天左右,菌丝满袋、料面出现白毛团时,即可揭盖套罩。

(三)揭盖套罩

揭去塑料盖,套上"安全罩",在套罩与营养袋连接处,用橡皮筋扎紧封闭,然后将菌袋摆上培养架,让银耳自然生长。

(四)出耳管理

子实体形成与发育阶段,控制室温在 23℃～25℃,不超过28℃,不低于 18℃。袋间距 2～3 厘米,每天通风 1～2 次,每次 30分钟,并引进散射光,促使展片良好、色泽鲜白。

(五)产品上市

套罩后一般培育 20 天左右,即菌袋接种后 35 天,子实体直径达 15 厘米左右时,即可带袋包装上市。未采收之前,不可打开安全罩,避免子实体露空变质。

其他食用菌栽培,也可借鉴该技术。

十四、安全容腔绿色高产栽培法

采用安全容腔培育银耳,是银耳菌袋接种培养,菌丝生理成熟,进入揭胶布扩穴增氧阶段,把菌袋放入安全容腔中培养出耳,直至采收。整个生长过程不喷水,不打药,无污染,无虫害。这种安全容腔的创新点在于腔内体积比原来的营养罐栽培和罩袋栽培的设置更为宽敞,银耳子实体不受罐或袋壁的约束,故耳片舒展、无畸形、朵大丰满、色泽洁白、品质好、外观美,完全符合绿色食用菌栽培技术质量要求。其具体栽培方法如下。

(一)安全容腔设置

安全容腔是以聚丙烯为原料,通过模具热注成型,透明度强,耐光性好。容腔长 50 厘米,分成两段对接,腔内直径 16 厘米,中间螺旋旋接。容腔两端配有透气口,厚 0.5 厘米,宽 6 厘米,装有空气过滤材料。这种安全容腔,可有效地控制害虫侵袭。

(二)菌袋制作

生产基地按照 NY/T 391—2000《绿色食品 产地环境条件》的要求;培养基配制按照 NY 5099—2002《无公害食品 食用菌栽培基质安全技术要求》;生产用水应符合 GB 5749—2006《生活饮用水卫生标准》;拌料、装袋、灭菌、接种、发菌培养等环节,严格按照绿色食用菌栽培技术规程操作。栽培袋符合 GB 9687—1988《聚乙烯成型品卫生标准》,折角袋规格 15 厘米×55 厘米,每袋装干料 650 克,袋面打 3~4 个接种穴。

(三)菌袋入腔

菌袋在 23℃~25℃、干燥卫生的环境中培养 15~16 天,菌丝生理成熟时,应对菌袋进行严格检查,凡被杂菌污染或怀疑有病害的菌袋,一律淘汰。在消过毒的洁净培养室内,揭去菌袋穴口上的胶布,用刀片在接种穴口上割膜 1 厘米宽,扩大穴口,以利于袋内菌丝透气增氧。经过揭布扩口后的银耳菌袋,在无菌室内装入安全容腔内,顺手旋紧两端,使其对接成整体。菌袋入腔后保持接种口向上,使 3～4 个接种穴的银耳子实体,在容腔内向腔内上方正常生长。

(四)出耳管理

菌袋在安全容腔内,完全靠腔内的小气候环境自然生长。由原基分化成幼耳,并逐步发育形成子实体,整个生长时间 15～18天。这期间不喷水、不施药,管理重点是控制在 23℃～25℃恒温培养。容腔内外温度基本接近,但应注意气温高时,菌袋扩口增氧进腔后 1～2 天,菌丝代谢加强,菌温自身会升高 2℃,因此容腔外的室温应调低 2℃,控制在 21℃～23℃,以利于幼耳正常分化。早、晚开窗通风,长耳阶段须给予散射光照,以利于子实体展片。

(五)产品保鲜运销

安全容腔培育的银耳,菌丝生理成熟后,在正常气温下生长15～18天,当耳片伸展、形似牡丹花、色泽洁白、朵型丰满时,即可作为商品上市。产品包装采用塑料泡沫箱,内交叉重叠 3 层,每层4 袋共计 12 袋,用 4℃冷藏车运输。保鲜商品橱窗在 4℃～12℃条件下,货架期 10～20 天。塑料安全容腔可回收再利用。如作为干品销售,可把子实体割下,置于专用脱水机内烘成干品,产品包装袋贴"绿色食品"标志上市。

其他食用菌栽培,也可借鉴该技术。

十五、传统段木高产栽培法

多年来,银耳的栽培已经是以代料栽培为主,但段木栽培在段木银耳的老产区如四川通江县等地,也还是有相当的生产规模,而且银耳段木栽培的技术也同样是在不断进步之中。由于段木栽培的银耳产量较低,栽培周期较长,而银耳的质量、口感等相比于代料栽培的银耳也有一些独特的优点,故段木银耳干品的市价一般是代料银耳干品市价的 8~10 倍甚至更高,在国内外十分畅销。所以,在一些段木银耳的老产区,段木栽培银耳还是有良好的发展前景。

(一)段木的准备

1. 耳树的选择 能栽培香菇、黑木耳的阔叶树树种,不少也可用于栽培银耳,但以叶片较大、材质较松、边材发达的阔叶树种用来栽培银耳效果更佳。据统计,我国适合栽培银耳的耳树资源十分丰富,其中最适用的除麻栎、栓皮栎、抱栎、槲栎之外,还有米槠、闽粤栲树、鹅耳枥、日本赤杨、桦木、芒果树、木蜡树、野漆、杜英、三年桐、千年桐、乌桕、野桐、枫树、枫杨、黄杞、木麻黄、悬铃木、相思树、大叶合欢、藤黄檀、猴耳环、构树、榆树、朴树、鹅掌柴、拟赤杨、赛山梅、柚树等 100 多种。

理想的耳树必须具备以下条件:一是所产银耳量多,质好,朵大,洁白;二是材质松软,边材发达,心材小;三是树皮厚度适中,不易剥落或霉烂;四是树龄以幼龄为宜,壳斗科的树种可在 10~15 年,速生树种在 3~5 年;五是树径以小口径为佳,在 5~10 厘米均可。10 厘米以上的虽也可以用来栽培银耳,长得也很好,但会造成材质的浪费。有些地方将粗的枝干纵锯成 2 根来用,以缩短发菌时间,增加出耳的表面积;有些地方利用直径 3 厘米左右的细枝干来栽培,也能长出大朵的银耳。从银耳生产的要求看,细的段木比粗的段木出耳早,但朵型较小,耳片较薄,产耳期较短;粗的段木发菌时间长,出耳慢,但朵大质优,产耳时间长,产量也较高。

在实际生产中,完全符合上述条件者较难,因此除针叶树及含有芳香油、精油、树脂等杀菌物质的部分阔叶树外,能部分达到上述要求的阔叶树种皆可用于栽培。为了提高栽培银耳的经济效益,要尽可能利用修剪下来的细树枝,进行综合利用;直径在 10 厘米以上的粗枝,应尽量留作他用。

2. 耳树的砍伐　银耳耳树的砍伐适期有 3 个:一为立冬到春分之间,即树木进入冬季休眠期到翌年吐出新芽之前。这期间树木处在休眠状态,树体含糖量增多,树干中贮藏的养料最为丰富,树皮与木质部结合也最紧密,所以是最理想的砍伐期;而且此时正值树木整枝修剪季节,有利于耳树的选择和段木的收集。二为清明以后,在树木抽芽时砍伐。此时段木死亡快,接种后成活率较高,缺点是在栽培中易造成树皮脱落。三是在春末,耳树砍伐后即种植银耳。春末树木生长旺盛,枝叶茂盛,枝干容易枯死,不会再有"返青"现象;同时,树中可溶性物质含量高,易被银耳菌丝吸收利用,因而接种后成活率较高。此外,新砍伐的耳树中含水量较高,发菌期间几乎不必另外补水,只要在发菌后期喷点催耳水就可以了。为避免与农事活动产生矛盾,耳树砍伐时间也可适当提前或推迟。

砍伐耳树时,以采用砍大留小的"间伐"式为宜。"间伐"即砍大树留小树,选取最适宜的耳树砍伐。砍伐时尽量做到低砍,一是树木基部营养最丰富,二是可节省用材。此外,还要注意耳树的倒向。通常耳树以水平倒最为合适,水平倒时可使树干内部树液分布均匀,不会集中到一端,有利于出耳一致。山区自然气温的垂直分布是随海拔高度增加而递减,低山气温高,树木发芽早;高山气温低,树木发芽迟。故山区砍伐耳树,应是先砍低山,次砍中山,最后砍高山。在树木资源较紧缺的地方,砍树后可将树桩随时挖出,也可作栽培材料。

3. 耳树的剃枝干燥　耳树砍伐后,为加速其死亡进程,调整耳木内的含水量,一般在山场上就地置放使之干燥。为使树木干燥程度大体上保持一致,可对较细的树木,于砍伐后将枝条剃削部分,只留下树干和较粗的枝条,这样既可防止枝叶抽水干燥过甚,又可减少枝叶对养分的消耗;对粗大的树木,则可适当多留枝叶,以加快抽水干燥。此外,还要注意,若砍伐后阴雨天多,可多留一些枝叶;晴天则可多去枝梢,以防蒸发甚,木材过干。木材含水分少的树种,砍伐后可将枝梢全部削去;含水量大、易生根发芽的树种,为加快水分蒸发,加速木材组织死亡,砍伐后要放置1~2周,再进行削枝。剃枝的刀口要平整光滑,将枝丫锯掉,断面宜小,忌斜锯,要剃成所谓"铜钱疤",尽量不要伤及树皮。

4. 耳树的截段和架晒 耳树截段的时间,要根据耳树的种类、砍伐季节、砍伐后天气和放置段木的场地来决定。凡含水量大、树皮厚、易生根发芽的树种,如枫杨、鹅掌柴、柳树等,应待树皮褪绿、不定根枯死、树木死亡后方可截段,时间约在砍伐后半个月;反之,对含水量少、树皮薄、不会再生根发芽的树种,如杜英、相思树等,可在砍伐后立即截段。截段后,断面用5%浓石灰水洗刷,以防杂菌侵入。为便于生产管理,段木长度以1~1.2米较为适宜。耳树截段后,须将段木集中运到耳堂周围、按段木径级大小,分别堆成"井"字形或覆瓦形(图5-1),高约1.5米,底部用石块或木头垫空15厘米以上,地面撒生石灰粉消毒,上面加盖草被进行架晒。集材时,严禁用滚筒法或溜山法,在集运和架晒过程中要防止损伤树皮和黏附污物。架晒时间随树种、气候、地势和材径大小

1   2

图 5-1　段木堆叠方式

1."井"字形堆叠方式　2.覆瓦形堆叠方式

等情况而定。晒约 7 天后,上下翻动 1 次,以使段木干燥均匀。经过大约 20 天,晒到段木断面颜色由白变为黄褐色,出现放射状小裂纹,有水汽在段木上凝结成水珠(又称为"发汗"),并散发酒酸味时,应立即搭好荫棚,准备接种。

(二)耳场的选择

耳场,又称为"耳堂"等,即在山场排放段木并使之出耳的场地,也就是银耳栽培场所。耳场的设置因排场的方式不同而有所区别。一般来说,理想的耳场必须具备以下条件。

第一,耳场应选在架晒段木附近的半山腰或山谷、林间的溪旁池畔,并有一定面积的平坦地,但阳山、热地应选择在阴凉处,阴山、寒地应选择在温暖处。坡向以南坡、东坡、东南坡为佳,晨昏都有阳光透射,有利于出耳。坡度宜选 $12°\sim30°$ 的缓坡地为好,若坡度太陡,既不利于保墒,又不便于排场;没有坡度的平地,于排水不利,易使耳棒因受潮过重而腐烂,并易发生杂菌。耳堂设在向阳山坳中的缓坡地,这样既便于通风透光和排水,又能造成温暖湿润的小气候环境。若用朝北的耳堂,前面应有阻挡北风的山坡作为防寒的屏障。耳堂中央若有小溪流、水塘或飞溅的小瀑布,则更有利于保湿和旱天抗旱。

第二,林地耳场以阔叶林、竹阔叶树混交林为佳。在过于茂密的树林下,段木难以接受阳光和雨露。林内郁闭度以 $0.7\sim0.8$ 为宜,耳场上方不可有太大的"林窗"。理想的耳场要设在 $3\sim5$ 年生壳斗科小树林内,树高以 3 米左右为宜。在这样的树林中,可形成"七阴三阳"的透光环境,既能得到足够的散射光,又可避免阳光直射,且能保持较高的空气湿度,很适合银耳生长。如果其他条件适宜,也可以选用小竹林为耳场,但不可将耳场设在松、杉、柏等针叶林下,因为这样的环境不适宜银耳生长。

第三,耳场以林下长有苔藓、蕨类植物、禾本科或沙草科小草的最为理想。耳场的土质必须肥沃,要具有一层较深厚的腐殖质,及直径约1厘米大小的沙砾的混合物。这样的场地既便于排水,又利于蓄水,保墒条件好,潮气大,有利于银耳生长。耳木排在上面,可避免与泥土相接触,其内部虽含蓄了足够的水分,但其树皮表面却能经常保持干燥状态,因此适宜银耳菌丝在树皮下发育,不但出耳干净,还能减轻杂菌和白蚁的危害。死黄土、沙土及石岗子地均不宜作耳场。

耳堂场地可以用人工方法加以改造,如用人工荫棚调整郁闭度,在耳场内铺设沙砾等。但不管什么样的耳场,均不可连用,最好1～2年更换1次,以免遭受病虫危害。

(三)耳场的建设

耳场的建设形式,可根据自然环境、地理条件与排场方式等来决定。

1. 天然耳场 又称山坡耳场,即选择适宜的山坡地作为耳场。耳场选定后,应在排场前进行适当整理,将耳场上方过密的林木或枝丫进行疏伐修枝,使其达到"三分阳、七分阴"的光照度,入射太阳光束要求铜钱大小。耳场内的小灌木、不易腐烂的龙须草等应保留一部分,至于刺藤及其他杂草、枯枝落叶等,则须全部清除,以保持场地的清洁,但不得铲除草皮、苔藓等,否则易使泥浆污染段木,影响银耳质量。因山坡耳场湿度较小,耳木都是以小头向上,间距4～6厘米,顺着山势紧贴地面排放,所以这种山坡耳场受自然条件的制约最为明显。由于耳木暴露在空旷的山坡上,每当天气干旱时,即使每天淋水,耳木也很难保持湿度,导致其不能出耳或很少出耳;当雨季来临,段木过湿时,亦不能正常出耳。只有在"三晴两雨"的天气,银耳才长得多、长得好,但这种天气是可遇而不可求的。因此,这种天然耳场实际上是处于淘汰中。

2. 荫棚耳场 四川通江县较常用的方法是一面靠岩塄,三面或四面筑土墙,高 1.8~2 米,两头错开一道门,四周土墙上开通风窗,土墙上设圆拱形或"人"字形屋顶,上面覆盖塑料薄膜,距薄膜约 50 厘米处,用青杠树枝叶再搭荫棚,保持场内有 0.7 的郁闭度。场内地面上铺一层厚约 15 厘米的沙砾。耳木用"人"字形排架,中间留有作业道,两侧开排水沟。耳场之大小视段木多少而定,一般 5 吨耳木的耳场占地面积约 40 米²。这种耳场同样也适用于平原地区,每 667 米² 可排放 50 吨段木。

3. 山沟耳场 即利用山沟作耳场。山沟两侧须有树木遮阴,否则要用树枝叶等搭建荫棚,沟内要有一定的水面,在水面上搭架,将耳木卧放在架上出耳。如沟壁高低不一,而两侧相差不大,可搭成斜顶棚,但必须北高南低,以利于透光向阳。在两侧相差较大时,应先整理后再搭棚。沟口以东南向为宜,可防止北风或西北风侵袭。若沟口较宽,要用树枝或竹枝等夹成篱笆墙壁用来防风。山沟耳场便于调节温湿度,特别是在干旱季节,只要勤于浇水,仍可正常出耳。采用山沟耳场时,要防止山洪暴发冲走段木(图 5-2)。

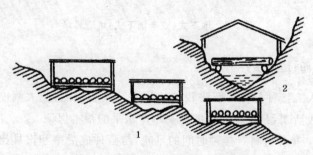

图 5-2 山沟耳场
1. 侧视图 2. 纵视图

4. 坑道耳场 这是一种半地下室的栽培方式,较适于平原地区采用。选择地势较高、土质粗硬、排水方便、通风向阳、能遮阳的地方,建造半地下室。先挖宽 2 米、长 8～12 米、深 0.8～1 米的土坑,四周用砖或泥再垒高 0.8～1 米,上面搭"人"字形棚顶,用高粱秆、竹枝等覆盖,上盖塑膜即成。半地下室要坐北向南,东、西、北各开一至多个 50 厘米×50 厘米见方的透气窗,以利于通风。这种耳场温湿度变化小,气候环境较好,尤其是在高温时,只要适量通风,皆可正常出耳。也可按图 5-3 的式样建造地下式(或半地下式)坑道耳场。

图 5-3　地下式(或半地下式)坑道耳场

(四)适时接种

人工接种是银耳新法栽培的最大特点和优点,能大幅度提高接种成活率,是段木栽培能提高单产水平的根本保证。

1. 接种时间　接种时间的早晚,与菌种成活率和银耳出耳率关系极大。一般是在当地气温稳定在 15℃～18℃时,就可以接种。在自然气候条件下,秋、冬季栽培时,以 9 月至 11 月上旬接种较好;春季栽培时,则以 3 月下旬至 5 月上中旬接种为宜。接种工作应选在雨后初晴或气温较高、湿度较大的天气为好。切勿在雨中进行野外接种,也不宜在严寒或盛暑时接种,否则会降低接种的成活率。

2. 接种方法 由于使用的菌种类型不同,因而接种的方法也有差异,其具体操作要求如下。

(1)孢子液接种法 对失去产耳能力的烂耳穴、香灰菌在段木内生长良好而不产耳的段木,用补接孢子液的方法,均可提高段木的出耳率。

孢子液可按下述方法配制和使用:将培养在琼脂培养基上的银耳酵母状分生孢子,用无菌水或冷开水洗脱制成孢子悬浮液。使用无菌水作稀释液时,可另加 1‰ 葡萄糖,每 1 000 毫升无菌水加乳酸 3～5 滴。孢子悬浮液应即配即用,不能久置,以防失去或降低发芽力。

接种前,先将段木砍口。斜拿段木,使之与地面呈 60°角,用柴刀垂直地向下砍,砍口深至木质部 1～2 毫米,茬口长 4～6 厘米,砍口间距 10～15 厘米,茬口的行数视段木粗细而定。直径在 8 厘米以下者砍 2 行,8～12 厘米者砍 3 行,12 厘米以上者砍 4～5 行。相邻两行茬口呈"品"字形交错。接种时,将孢子液倒入小杯中,用滴管滴注接种,也可用喷雾器喷注。每个茬口滴入孢子液 3～5 滴,滴时勿使孢子液流失。1 000 毫升孢子液约可接种 100 根段木,7 天后重复接种 1 次,以确保成活率。

(2)木屑菌种接种法 这是目前人工栽培银耳接种使用最普遍的方法,菌种类型为木屑菌种。采用木屑菌种接种,能更有效地提高接种成活率和出耳率。接种方法:先用皮带冲或专用打孔器在段木上打孔,孔穴直径 1～1.2 厘米,孔深 1.2～2 厘米,行距 3～5 厘米,穴距 6～10 厘米,孔穴呈"品"字形或螺旋形排列。适当密植能提高银耳的朵数和产量。密度大小必须根据耳树树种、段木粗细,以及段木在耳树上的着生部位等因素确定。一般树质坚硬的宜密,如麻栎、栓皮栎等;树质疏松的宜稀,如杨树、柳树等。段木粗的宜密,段木细的宜稀。树桩、弯头处宜密,直条的段木宜稀。树皮破损处可增打1孔。接种前,先用0.1%高锰酸钾溶液或75%酒精将菌种瓶外壁、瓶口、挖种工具、盛装容器,以及操作的双手等擦洗消毒。然后打开瓶口,刮去料面的原基及老化的菌丝,将瓶内的菌丝体挖出,置于消过毒的搪瓷盘等容器内,离菌种瓶底部2~3厘米的菌种弃去不用。将盘中的菌种充分拌匀后,用消过毒的手或镊子将种块放入接种穴内,或用短柄接种枪蘸取菌种打入孔穴内。菌种要松紧适度,八分满即可。然后盖上打孔时冲下的树皮,并用硬质木槌轻轻敲击,使树皮盖嵌入接种穴与段木表面平齐,并让菌种与树皮之间保持一定空隙,以利于菌种萌发定植(图5-4)。也可用石蜡、黄板纸、黄泥、石灰粉等混合物封口,其保湿性能更好,具体方法见后述。

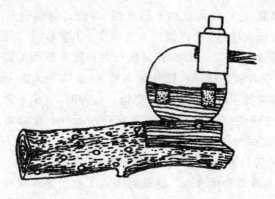

图 5-4　木屑菌种接种

接种是银耳栽培的重要工序之一。接种质量的好坏对发菌、出耳都有很大影响。接种时要求注意如下几点。

①选用优质合格的菌种。要求银耳菌丝丰满,生活力强;香灰菌丝比例适当;无虫,无杂菌。

②菌种当天挖出当天接完,随挖随接,避免久置而遭杂菌污染,影响接种效果。

③接种工作的安排要责任到人,进行流水作业,边打孔,边接种,边上堆发菌。当天打过孔的段木,一定要当天接种完,不得留到第二天接种,以减少孔穴杂菌污染的机会。

④如段木过干,可在接种前将段木在水中浸泡一下,增加其含水量。但必须注意浸泡应在打孔之前,以避免孔穴进水感染杂菌。

⑤接种宜在不受阳光直射的地方或干净的室内进行。

⑥搬运和堆放段木时,要轻提轻放,尽可能避免树皮碰击损伤。同时,轻提、轻放种木不易脱落,可确保接种质量。

(3)圆锥形种木(或枝条种)接种法　种木种使用的接种工具与木屑种相同,皮带冲的口径应与种木种的直径相一致。接种时用镊子在菌种瓶内取出种木菌种,塞到接种穴上,用小锤轻轻敲击种木使之进入,其表面应与段木相平齐(图5-5)。种木种在接种过程中菌丝只有轻微损伤,较之木屑菌丝成活定植更有保障。由于菌种瓶内的银耳菌丝在培养基内渗入较浅,很难保证每颗种木上都有银耳菌丝,因此种木使用时若能蘸一下孢子液,接种成功率会更高。在适种季节范围内,银耳具有早接种、早定植、早发菌、早出耳,且耳片多发生于接种穴的特点;另外,段木树皮脱落后仍能

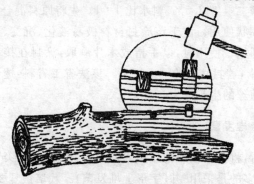

图 5-5　圆锥形种木菌种接种

143

长耳。因此,适当提早接种、合理密植、加大接种穴深度和加大接种量,是提高银耳产量的有效措施。

(4)封口方法的改进 接种木屑菌种时,采用树皮盖封口,封盖易脱落,且保湿性能也不太理想,近年来已出现许多改进的封口材料。

①石蜡封口 其配方为:石蜡80%,猪油15%,松香5%。先将石蜡、猪油放入金属容器内熔化,松香碾成粉状加入,搅拌均匀,至松香全部熔化后趁热使用。用毛笔蘸取涂在接种穴上,冷凝后即可封闭孔口。但生产实践证明,用此法封口透气性差,对银耳菌丝萌发定植有一定影响。

②黄板纸封口 选用厚3~4毫米的黄板纸,用皮带冲加工成圆形纸片,其直径要比接种穴大2~3毫米。再用熔化的石蜡浸蘸,立即使用,可代替树皮盖。

③黄泥封口 选择黏性好的黄泥,筛去杂质;将新鲜木屑用沸水浸泡,或上锅蒸沸灭菌。用黄泥1份,加木屑2份,搅拌均匀后,加水调成稠糊状,现调现用。此法简便易行,封闭性能好,不易脱落,有利于控制湿度,银耳菌丝恢复生长快。

④石灰粉封口 其配方为生石灰粉85%,食盐8%,硫酸铜4.5%,磷酸二氢钾2.5%,料水比1:1。先将原料混合均匀,再加水调成稠糊状使用。由于该涂封材料极易液化、沉淀、干涸变质,只能即配即用。使用时,以手指或木片蘸取,涂封在接种穴上,厚0.5~1毫米,盖封直径约1.5厘米。该法省工省料,透气性好,能增强银耳菌丝的生长活力。

(五)上堆发菌

接种后,将菌木在原地或搬入郁闭处,按"井"字形或覆瓦状堆垛发菌(更多的是采用"井"字形上堆发菌)。栽培银耳要求银耳菌菌丝和香灰菌菌丝能同时良好地生长。因此,在接种后就必须创造一定的环境条件,满足这两种菌丝的生长需求。菌丝量不足,积累养分少,或其中只有一种菌丝长得好,都不能获得高产。银耳菌丝和香灰菌丝的生长适温是 22℃～26℃,段木含水量在 37％左右,对通风和光照无过严要求。过多的水分会使银耳菌丝在没有长足之前提早结耳,而一旦结耳,就会减弱银耳菌丝在木质部的生长能力。因此,在发菌前期,应尽量保持在 25℃左右和偏干的水分,并定期翻堆,以利于发菌均匀。材质疏松的段木,一般经 25～30 天菌丝即可长足;材质坚硬的段木,需经 50～60 天菌丝才可长足。当菌丝长足后,要喷水增湿,勤翻堆,改善通风条件,促进子实体的发生。具体来讲,发菌期间要做好以下管理工作。

1. 覆盖养菌　段木堆放后,其上要盖上一层树枝叶,再用塑膜覆盖,薄膜上再盖树枝叶或杂草等,以不见薄膜为宜。

2. 定期翻堆　发菌前期,9～10 天翻堆 1 次,后期 3～4 天翻堆 1 次。翻堆时,要上下内外相互移位,使每根段木都能得到相似的环境条件,确保发菌均匀一致。另外,翻堆时操作要细致,防止碰伤树皮,碰掉封口盖、翻堆要结合除杂菌,将染杂菌的段木剔出,经处理后另找地方排放管理,染菌严重的段木应予深埋或烧毁。

3. 控制好温湿度　为了控制过早出耳,除非天气干旱严重,或段木较干,否则不宜过早喷水。空气相对湿度保持在 85％左右,不宜过高,不然银耳长得很小。发菌前期,堆温宜控制在 25℃左右;发菌中后期,堆温要控制在 20℃～25℃,不得超过 28℃。当堆温超过 28℃时,应立即揭膜通风,以免"烧菌"。

(六)散堆排场

发菌 40 天左右,当段木上普遍出现耳芽后,就可散堆排场。排场时,可按耳芽发生情况进行分类排放,如先出耳芽或耳芽发生较多者排在一起,耳芽较小或较少者另排一起,以便于喷水等管理。排场方式通常要根据耳场的环境来确定,在环境较干燥的耳场内,一般先在地面用砖、石垫底,距地面高 40～60 厘米,上面架放杂木杆或竹竿,然后将耳木平放其上,其上再枕放 2 根直径较大的段木,在这 2 根段木上再平放若干根耳木;若耳场较小,只要加大段木之间的距离,便于操作管理,也可采用"井"字形堆叠。在较阴湿的场所,可采用"人"字形的架式堆码排场,横木距地面 60～80 厘米,将耳木交错地斜靠在横木上,耳木之间相距 7～10 厘米,中间留 80 厘米左右的操作道,以便于通风透光和人工管理。散堆排场以后,就进入了出耳管理阶段。

(七)出耳管理

出耳期间的管理,主要是调控好耳场的温、湿、光、气等生态因子,并做好病虫害防治工作。

1. 条件控制 出耳期间,要求空气相对湿度达 80%～90%,在水分管理中要注意干湿交替。要根据天气晴阴、水分蒸发快慢、出耳量等来确定喷水次数和喷水量。在晴天及较干燥的耳场,每天晨昏应淋水 1 次;在阴天或较阴湿的耳场,只有在必要时才喷水。喷水时,要向空中或地面喷水雾,不要直接冲喷耳木,水质要清洁。采耳后,要停水 1～2 天,防止因潮湿遭受细菌感染而烂耳。出耳时的适宜温度为 20℃～25℃,低于 18℃时银耳生长缓慢,因此要调控温度。气温低时,早、晚要关闭门窗,薄膜要盖严;气温高于 28℃时,则要降温、揭膜通风,加厚荫棚覆盖物。此外,还要保证耳场能透进一定的散射光。

2. 防治病虫害 段木银耳生长在潮湿、闷热的环境条件下,因此病虫危害也较为严重。要加强对病虫害的防治,才能获得银耳的优质高产。主要应抓好以下几点。

(1)杂菌的防治 段木栽培银耳,常见的杂菌有裂褶菌、云芝(彩绒革盖菌)、桦褶孔菌、血红栓菌等大型真菌及棉腐菌、木霉等。

其防治措施是：段木接种前，用日光暴晒杀菌半天或 1 天，借助于阳光中的紫外线杀灭段木表面的杂菌孢子；刮除树皮表面的地衣、苔藓、松萝等杂物，防止杂菌孢子附着传播；清洁耳场，集中烧掉长杂菌的枯枝、枯干，杜绝传染源；排除积水，调整干湿度，造成杂菌不易生长的环境；段木局部生长杂菌时，可用利刀削去患处，并涂上杂酚油或木焦油混合物；对杂菌污染严重的段木，要及时剔出深埋或烧毁；未出耳时，在段木表面喷苯菌灵、菇丰等防治杂菌；在发菌和出耳期间，对受木霉等侵染的段木要拣出单独陈放，干燥 2～3 天后，用水冲刷干净杂菌孢子，再进行管理。

(2)害虫的防治　危害银耳或段木的害虫很多，主要有跳虫、鼠妇、小马陆、螨类、线虫和白蚁等。对跳虫、鼠妇和小马陆等，可用有机磷涂于红薯片上诱杀；对螨类可用煮熟的猪、牛骨诱杀；预防线虫的发生，首先要使用清洁水源，勿使段木沾上泥浆以杜绝传染，线虫出现时，可对所致烂耳喷 0.5%～1% 生石灰水等杀灭。对于跳虫、螨类、线虫更具体的防治措施，参见第七章"三、虫害防治"中的相关内容。对白蚂蚁，可用灭蚁灵驱除。此外，为预防虫害的发生，可对耳场用敌敌畏、除虫菊酯、硫磺等进行熏蒸，或用200～400 倍的敌百虫水溶液喷洒，也可将生石灰粉撒在耳场内外和耳木周围，均能收到一定的防治效果。

(3)烂耳的防治　烂耳也称"流耳"，即耳片溶化成黄褐色胶汁；或在耳片上出现白色粉状物，使耳根逐渐变黄至腐烂。前者大多是由高温、高湿引起的生理性病害，或线虫侵染所致；后者则是由细菌侵染形成的细菌性烂耳。烂耳一般在秋天发生较为严重。防治方法：调节好耳场温湿度，加强通风换气，不向耳片喷污水，可减少烂耳发生。发现烂耳，要及时挖去腐烂的耳根，并用清水清洗，以防扩大感染。

（八）采收与加工

银耳从耳芽出现到成熟，正常情况下需 7～10 天。采收的成熟适期是指耳片充分展开，边沿发亮，白色透明，手触有弹性和黏液。此时即可采收。若采收过早，银耳产量低；采收过迟，银耳品质差。采收前 1 天停止喷水，使耳片稍风干收缩。用不锈钢小刀或竹刀等从耳木上平割下，力求保持朵型完整。留下耳基以利再生，但耳根上不得留有残片，以防引起烂耳。采收后停水 3～7 天，在耳木上覆膜养菌，然后按上述出耳管理要求进行管理。如接种穴处耳基生长不良，应将接种穴用刀削去一层，让下面的菌丝长上来，生长新耳。在正常情况下，1 根耳木可先后采耳 5～7 次，每 100 千克段木可收干耳 0.5～1 千克，高产的可达 2 千克以上。

银耳的加工，最常见的是干制加工，还有其他初级加工和精深加工，具体情况参见第八章、第九章的相关内容。

十六、室内段木高产栽培法

在城市或平原地区，可利用秋末冬初整修下来的各种阔叶树的枝干，在室内栽培银耳。由于室内气温受自然温度变化影响较小，且便于控制温湿度，一般单产水平较高。15 米^2 的房屋，可排放 500 千克段木，产干耳 5 千克左右。

（一）栽培室的要求

段木室内栽培，最好选北向底层房屋作栽培室。若东、西两侧有房屋毗连，则更有利于保持室温的稳定，室温平均可比室外气温低 4℃左右。要求环境清洁，通风方便，并要有一定的散射光透入。地面以水泥地面为好，否则需铺一层干净的粗沙或石砾。栽培室在使用前，应进行熏蒸消毒。

（二）耳木的选择和处理

城市栽培银耳，可利用行道树及果园秋末冬初整修下来的树木枝干等作为栽培原料；平原地区则可选用银耳适生树种的枝干作为栽培材料。将树木枝干截成约 1 米长，经适当暴晒后，置室外场地上堆，加盖薄膜。当段木表面树皮失去绿色，断面木质变黄褐色，并散发出轻微酒酸味时，即可用来接种。

（三）栽培管理

当气温稳定在 15℃ 以上时便可接种。接种时段木以偏干为好，接种前适当浸水，使其含水量达到 40％ 左右，然后晾干。按段木栽培法在待接种的段木上打孔穴，穴距 8 厘米，行距 4 厘米。打孔时要避免在段木的凹陷处打孔，以防积水影响菌种成活。打孔与接种要同步进行，边打孔边接种，以免孔穴内水分蒸发或有杂菌孢子侵入。若用种木种接种，务必使种木与段木表面相平，以便采耳。

接种后，将段木呈"井"字形在栽培室内上堆发菌，除非温度太低，不要用薄膜覆盖。发菌前期不必喷水，以促使银耳菌丝向木质部深处生长。室温保持在 24℃ ～28℃，空气相对湿度在 80％ 左右，并有一定散射光。每隔 7～10 天翻堆 1 次，使菌丝生长均匀。同时，加强通风以降低段木湿度，以控制子实体过早发生。为使菌丝得到充分生长，堆放时间要尽可能长一些，最好是 60 天。待段木内菌丝长足、发透时，再排架喷水，可使银耳朵大、产量高。

散堆后，将段木排放在出耳架上，空气相对湿度提高到 90％～95％。如湿度不够，可采取在墙面、地面、空中喷水的方法提高湿度（水不宜直接喷在段木上）。这一阶段，室温最好控制在 20℃～25℃。每天要多次开窗通风、透光，以满足子实体生长的需要。

十七、地下室段木高产栽培法

利用城市的地下室、防空洞栽培银耳,分为两个生产管理阶段,即在地面室内发菌,在地下室排放出耳。

春季树木发芽前,选取城市绿化树如法国梧桐等整修的枝干,取直径在 5 厘米以上者,截成 1~1.2 米长,呈"井"字形堆放在室内干燥通风处,每隔 7~10 天翻堆 1 次,使其晾至八成干。

4 月下旬至 5 月上旬,在段木上打孔,孔径 1.2~1.5 厘米,孔深 2 厘米,孔距 8~10 厘米,行距 6~8 厘米,呈"品"字形交错排列,按段木接种要求接种。将接种后的段木,呈"井"字形堆放在通风良好的室内,堆高 1.2~1.5 米,加盖薄膜。保持室温 25℃左右、空气相对湿度约 80%,以使覆膜内有微细水珠为宜。每隔 7~10 天翻堆 1 次。经 5~6 次翻堆,段木上即有耳芽出现。

将出现耳芽的段木及时转入地下室,竖立排放在洞壁两边,段木间距保持 8 厘米左右。在耳木上方每隔 12 米安装 1 支 60 瓦的白炽灯泡,使其每天能接受 10 小时左右的光照。根据地下室的湿度变化情况,每天向空中及地面喷雾 1~2 次,保持室温在 20℃~25℃、空气相对湿度在 90%~95%。培养 10 天左右,可采收第一潮银耳。通常可采收 5~6 潮。地下室通风不良时,段木易生杂菌,可运到地面用 2% 生石灰水清洗,在日光下暴晒半天,再运回地下室进行出耳管理。

十八、秋季段木高产栽培法

银耳段木栽培常在春季栽培,出耳期间如遇夏季高温,稍管理不善,则不仅会导致银耳产量低,而且还使其品质变差。据四川通江县银耳科研所张传锐等(2009)报道,他们根据当地秋季气候特点,结合银耳的生物学特性,研究出了银耳秋季段木高产优质栽培法,其技术要点如下。

(一)砍树、架晒

夏至前后(即阳历 6 月 21 日前后)砍树,倒树 5 天就剃枝截段,架晒 10 天左右(至段木的断面中心有裂纹)就可接种。

(二)接 种

此时正值小暑季节(7 月 8 日前后),气温较高,接种一定要安排在早、晚。挑选优良菌种,做到无菌操作。接种密度为 8 厘米×5 厘米的株行距,接种孔位排列呈"品"字形。

(三)耳堂建设

1. 堂址选择 耳堂宜选建在距房屋 50 米以外,地势平坦、土层深厚、空气流畅、排水良好、温和湿润的林间或溪旁,按东西方向建造。

2. 耳堂建设 由于是秋季栽培,所以建造耳堂时必须考虑到升温、保温问题。秋季栽培耳堂与春季栽培耳堂建法基本一样,所不同的是秋季栽培时需在耳堂中间挖一条宽、高分别为 30 厘米、有 5°坡度的火槽,上盖石板后填土。堂内留一锅位安锅,门外挖一大坑生火,火槽的烟口通向耳堂外边,并高于耳堂 60 厘米。

(四)发菌管理

接种后,将菌棒放于 25℃～28℃的室内,按"井"字形码好,高不超过 1 米,长度根据菌棒多少而定。由于这段时间气温较高,在管理上,重点是考虑如何降温、保湿的问题。10 后天第一次翻堆(翻棒),以后翻堆间隔时间逐次减少 1 天。翻堆的同时,要看棒喷水,做到棒内水分充足。整个发菌期需翻堆 4 次左右。

(五)出耳管理

经过近35天的发菌,菌丝已由营养生长转为生殖生长阶段,此时就应将耳棒移入耳堂内出耳。具体管理措施:耳堂上加盖遮阳网,利用早晚喷水来降温,做到地面"干不见白,湿不流水",耳棒上"见水不流水";同时,注意通风换气。白露(9月8日前后)以后,由于气温不稳定,管理上更应该精细,凉时升温,热时降温,耳堂空气相对湿度尽量保持在85%～90%,这样银耳可采收到霜降(10月23日前后)。霜降后,清除感染杂菌严重的菌棒,注意堂内空气清新,待到翌年4月份,按春季管理技术进行管理,产量完全可以高出春季栽培的产量。

(六)采收、加工

当耳片完全舒展时就可采收,按照采大留小、采强留弱的原则进行采收。采收前1天不打水。采回的鲜耳,剪去耳脚,放入清水中淘去杂质,沥干后摊晒或烘烤干燥后包装。

十九、轻简化段木高产高效栽培法

多年来,在段木银耳主产区,一直沿袭传统的长段木堂内斜架式排列出耳模式,该模式的缺陷在于单段段木平均重量在5千克以上,在架晒、发菌、排堂、采耳调头等环节劳动强度大;采用斜架式排列,其排列角度在70°～80°,段木顶端距地表高度90厘米以上,容易遭受高温伏旱影响,造成段木上下部位温度和湿度差别大,生产管理技术难度增加。面对日益复杂的气候变化以及当前农村留守劳动力老弱结构变化,传统的长段木栽培模式技术缺陷不断凸显,制约了银耳产业的发展。

据四川省农业科学院土肥所黄忠乾等(2013)报道了四川食用

菌创新团队等单位,经过试验探索出了段木银耳高产高效轻简化新型栽培模式。现将其具体实验结果介绍如下。

(一)材　料

1. 菌株及来源　参试品种为 CA3,由四川省农业科学院土肥所微生物室保存,原种由土肥所微生物室生产,栽培种由通江县银耳科研所生产。

2. 原材料及试验设施　栽培试验所需段木,选用通江县境内的细皮青杠树,直径 13～18 厘米;2011 年 3 月初采伐(树芽含苞待放时),伐后截为长 100 厘米的段木,共 330 余段,约 2 000 千克。

出耳在单彩钢大棚内进行。大棚长 7.5 米,宽 10 米,棚顶及前后面用单层彩钢板,棚两侧覆盖双层 95％全新料遮阳网,棚顶采用错层方式留置"天窗"通风道,棚顶中部高 4.5 米,另一侧高 4.3 米,错层高差 20 厘米,边高 4 米。棚顶外侧铺设喷淋管道。正面、背面设置 2 米×2 米对开式塑料推拉门。

(二)栽培模式设计

段木银耳栽培试验共设计 3 种模式,其中 2 种模式为创新栽培模式,1 种模式为传统栽培模式,作为对照。

模式 1:25 厘米短段木立地式栽培;

模式 2:50 厘米中段木覆瓦式栽培;

模式 3(对照):传统 100 厘米长段木斜架式栽培。

试验采用随机区组排列,3 次重复,段木间距 10 厘米。

(三)生产管理

1. 段木银耳栽培流程

段木准备(长 100 厘米)→架晒失水→打孔接种→堆码发菌→分类截段(短段长 25 厘米,中段长 50 厘米)→按试验设计排堂→

出耳管理→采收干制→统计分析

2. 试验生产管理 试验原材料青杠树采伐后,截为长 100 厘米的段木,断面用生石灰水消毒后架晒。待段木架晒至截面呈放射状小裂纹时(段木含水量 34％左右),用电钻打孔接种,接种后室内堆码发菌。在发菌期间,采用覆盖增温发菌,翻棒喷施发菌水。发菌结束(约 40 天),分类截段(对照不截段),根据试验设计排堂,并布置温度、湿度和病虫防控监测点。排堂后,根据段木银耳管理要求,进行出耳管理及采收加工。

排堂时,模式 1 采用 25 厘米短段木立式排列,模式 2 采用 50 厘米中段木覆瓦式排列,模式 3(对照)采用传统的 100 厘米长段木斜架式排列。

(四)结　果

1. 不同栽培模式对产量的影响 当银耳子实体长至八分成熟、耳片完全展开时,进行分批采收,并烘晒称重。各模式均以 50 千克耳棒所产干耳计算,结果显示:模式 1 干耳单产为 354.6 克,模式 2 单产为 345.1 克,模式 3(对照)单产仅 144.5 克。2 种新模式均比传统模式增产,且单产增加值均超过 200 克,其中模式 1 单产增幅为 145.4％,模式 2 单产增幅为 138.8％。

2. 不同栽培模式出耳管理温度、湿度差异 3 种模式的出耳试验均在单彩钢板棚内进行,统计分析表明:耳堂内不同空间高度的温度、湿度差异相对较大,段木银耳出耳期平均地表温度 23.5℃,比 0.5 米空间高度的平均温度 24.9℃低 1.4℃,比 1.5 米空间高度的平均温度 25.9℃低 2.4℃;而出耳期地表的平均湿度 69.3％,比 0.5 米空间高度的平均湿度 60.8％高 9％左右,比 1.5 米空间高度的平均湿度 54.9％高 15％左右。即距地表越近,温度越低,湿度越大;相反,距地表越高,温度越高,而湿度越小。

模式 1 与模式 2 排列的耳棒顶部距地表近,耳棒上部、下部的温度、湿度差异较小,其耳棒所处空间的温度较低,相对湿度较高,适合银耳子实体生长发育,能确保银耳出耳期安全度过高温伏旱季,表现为银耳单产较高。而模式 3(对照)耳棒顶端距地表较高,耳棒上部、下部之间温度和湿度差异较大,特别是耳棒上部所处空间的温度较高而相对湿度却较低,容易遭受出耳期高温伏旱影响,不适合银耳生长或银耳生长受阻,表现为单产较低。

3. 不同栽培模式对劳动强度的影响 在排堂时,对各个小区的排列耳棒段数和重量进行了分别计量和汇总,结果表明:短段木:中段木:长段木重量之比为 1:1.8:3.5。耳棒单段重量不同,其劳动强度也不同,即传统长段木是短段木劳动强度的 3.5倍,中段木是短段木劳动强度的 1.8 倍,长段木是中段木劳动强度的近 2 倍。

(五)小 结

1. 新模式能显著提高银耳生产效益 本试验结果表明:段木银耳 2 种创新栽培模式均比传统栽培模式增产,且单产增幅较大。若按试验地段木银耳主产区通江县当年的段木银耳平均销售单价 300 元/千克计算,2 种新模式每千克耳棒可创造 2 元以上的产值,而传统栽培模式每千克耳棒仅能创造 0.87 元的产值。即 2 种新模式每千克耳棒比传统栽培模式增值 2 倍多,生产效益提高效果明显。

2. 新模式能显著降低劳动强度 本试验中,25 厘米短段木:50 厘米中段木:传统 100 厘米长段木的平均单段重量之比为 1:1.8:3.5。由此可见,段木银耳栽培向短段木方向转变,能显著降低劳动强度,管理搬运省力,是一项轻型技术,能适应目前段木银耳主产区留守劳动力以老弱妇为主、青壮年劳力少的劳动力结构变化现状。

3. 新模式能有效规避出耳期高温伏旱影响 本试验中,2种新模式均降低了段木的空间位置,位置越低,温度越低而相对湿度越高,越适宜银耳子实体正常生长,从而可规避出耳期高温伏旱影响,促使银耳生长安全度夏。

4. 新模式能有效降低出耳管理难度 新模式在耳堂内无须搭建固定支架,在采耳、翻棒调头等环节操作方便,生产管理难度相应变小,具有集约化、规模化生产的开发潜力。

总体来说,在3种栽培模式中,段木长度越短,其劳动强度越低、受高温伏旱影响越小、技术管理难度越小、单产越高。因此,向短段木栽培方向发展,是段木银耳生产的有效途径和必然方向,对于适应日益复杂的气候变化和当前农村留守劳动力老弱结构变化,均具有重要的现实意义。2种段木银耳创新栽培模式均具有较高的推广应用价值,而传统长段木栽培模式单产低、劳动强度大、易遭受高温伏旱影响、出耳管理技术难度大,应属于淘汰技术。

本次试验在段木处理时,是先统一截为长100厘米的长段木,统一接种发菌后,再根据要求截为短段木和中段木排堂,在排堂时大部分耳棒已现耳芽,排堂前的一次截段,易造成部分耳芽受损,特别是截为短段木时,部分接种孔正处于截段处,对银耳产量有一定影响。生产实践中,可以先截为不同规格的段木后,再接种、发菌和排堂,效果会更好。但此法土地利用效率相对较低,种植户在选择栽培方法时应因地制宜。

二十、利用短段木高产栽培法

短段木栽培法又称砧木式栽培法,是将常规长1~1.2米的段木改为长6~18厘米的短段木,在截断面和树皮上都可出耳,能扩大段木的出耳面积。以直径15厘米、长1米的段木为例,其出耳面积为 0.507 米^2;如截成长 10 厘米的短段木,则出耳面积可增加到 0.825 米^2,使同等体积的段木出耳面积增加 62.7%。采用侧面接种和截面接种相结合的方法,能提高接种成功率,并加快菌丝对木材分解利用的速度。树皮脱落后仍可以栽培,砍伐期较长。此法其实与前一节所讲的"短段木栽培"的原理一样,其树种选择、粗度、砍伐期等方法,与常规段木栽培要求基本相同,而与常规段木栽培技术的不同之处有以下几点。

(一)截段要求

树木砍伐后,削去多余的枝丫,堆放在集木场上自然风干。因为短段木栽培是锯段与接种同时进行,所以到安排接种时,应将原木锯成小段木。树径较细的,每段截成 13～18 厘米;树径较粗的,每段截成 6～13 厘米。为充分利用木材资源,锯下的短木应成偶数。锯段前,在地面铺一块干净的薄膜,用粉笔在耳木两侧各划一条直线作为标记,再将耳木截段,锯下的短木按顺序放好,断面不可弄脏。散落在薄膜上的锯木屑,要分类收集,不同树种的木屑最好不要混合,以供接种时使用。隔年或过夏的段木,因失水过多,不能使用。

(二)接种方法

短段木侧面接种,按段木栽培常规方法打孔接种,用木屑菌种或种木菌种均可。截面接种采用平涂法,可用木屑菌种,或于木屑菌种中另加木屑、米糠,用水调成稠膏状接种。其比例为:木屑 4 份,米糠 2 份,菌种 4 份,水 1 份。在菌种中加入米糠,出耳时在断面喷施淘米水,能增加段木的营养成分。但米糠用量不能过多,否则易长杂菌。将调好的菌种涂到木材断面,厚 0.3～0.5 厘米,四周稍高,中间略低,顺序取另一节段木,按照标记所示位置盖在菌种上,将菌种压在两节段木之间,稍压一下,使菌种内的空气排出,段木与菌种密切吻合。也可用胶带把段木对叠的缝密封起来,以免菌种干掉。所有段木,都按截段顺序两两成对地接种。断面也可用楔形种木接种,沿髓射线钉入。

(三)发菌及出耳管理

接种后,即可将段木堆叠起来进行发菌。堆叠时,先将地面整平,把接好种的小段木按照直径较大的在下,直径稍小的在上,两两成对的顺序依次堆放在发菌场,堆叠高度约为1米,进行假困山。堆叠时不要错开接种处的锯口。每平方米场地堆放一堆,堆好后再用草绳捆几道,以防散堆倒塌。然后在堆木的四周覆盖草苫保温保湿,使菌丝恢复生长,直到出现耳芽。在发菌期间,要防止场所过干或过湿,并防止阳光直射,晒掉树皮;要经常施药,防止害虫特别是螨类危害菌丝。接种后堆叠要牢固,切勿搬动,以免影响菌丝成活。接种后若条件适宜,经过20~30天,就可以在相叠的两块段木的缝隙处发现耳芽。此时即可将段木分开,侧放于多湿的场所,使之出耳。出耳的部位,除了段木的侧面之外,段木两个断面的边材部分也会出耳;心材部分出耳较少,且朵型很小。

二十一、四季短段木熟料高产栽培法

通江县是世界银耳栽培和开发利用较早的地方,但长期以来,通江银耳均采用传统的春季段木栽培。据四川通江县银耳科研所陈代科等(2010)报道,他们在总结春季栽培银耳经验的基础上,总结出了一套成功的栽培模式,即优质银耳四季短段木熟料栽培模式。该模式产量比传统栽培方法提高2倍以上;既保持了通江青杠树段木栽培银耳的内在品质,又能有效地人为控制银耳的外观形态,提高了银耳的商品价值。该法的基本原理也与前面两节所讲的"短段木栽培"的原理类似,但在具体做法上也有其独到的方面。现就将其栽培技术要点介绍如下。

（一）栽培季节

室内栽培,除三伏、三九天外,均可人为控温栽培,基本实现了四季出耳,尤其以春夏（4～6月份）、秋（9～10月份）栽培最佳,春栽4月上旬接种,6月下旬结束;秋栽9月初接种,10月下旬结束。

（二）菌段制作

1. 树种选择　通江麻栎,俗名青杠树。

2. 段木规格　直径7～9厘米。

3. 段木的处理　砍后将段木干燥10～15天,然后用台锯将段木锯成10厘米左右长的短段木,要求断面整齐,尽量光滑无毛刺,以免挂破袋,且随锯随用1.5厘米直径的电钻在断面的一端正中打1个深1.5厘米的孔,然后用15厘米×30厘米的聚丙烯袋装好段木,用绑扎绳扎成活结,于147千帕压力下（128℃）高压灭菌45分钟,促使段木组织死亡。

4. 接种发菌　待灭好菌的段木冷却到自然温度时,于接种箱内密闭消毒,无菌操作接种。银耳栽培种要求未形成子实体,白毛团丰富,菌龄15～20天为好。使用时,首先用拌种器在无菌箱内将银耳菌种充分拌匀,然后用接种枪接入段木正中的孔内,要求菌种略高于种穴。但不能接种太多,以免菌种散开,造成后期接种面形成零星耳芽,不便管理。接种完毕,仍系好绑扎绳,于25℃左右温室内层架式摆放养菌,并随时观察菌丝生长情况。室内空气相对湿度保持在65%～70%。一般来说,香灰菌丝24小时开始萌发,48小时可封住接种穴,10天以后香灰菌丝可完成1/2转色,白毛团密集而旺盛,15天左右香灰菌丝走满整个段木表面,接种穴上银耳菌丝集结成整块白色菌落,并逐渐倒伏而开始吐黄水,此时表示菌丝培养阶段的结束,开始进入出耳管理阶段。

(三)出耳管理

接种后 15 天左右,进入出耳管理阶段。此时温度控制在 23℃～25℃、空气相对湿度在 80％～85％,促使接种穴吐黄水。一般来说,17～20 天都会开始吐黄水。对黄水过多的种穴,要及时用无菌纸或纱布吸去,以免滋生杂菌和造成耳基霉烂。20 天后可陆续形成原基,此时加大空气相对湿度到 85％以上。25 天待原基完全形成子实体,此时可从袋内将段木取出(袋子可重复使用),以段与段之间 3 厘米的间距排列,增加光照和氧气;同时,在子实体上面覆盖湿报纸或湿纱布以利于保湿。此阶段类似于代料银耳的出耳管理。加强通风,室内无浊气滞留,有利于耳片完全舒展。

子实体生长期间,22℃～25℃恒温培养,室内空气相对湿度可保持在 90％左右,以耳片边沿始终湿润不干燥为准。随着子实体的长大增加通风次数,25 天后每天通风不少于 3 小时。

(四)采收、干制

短段木栽培,银耳生长速度一般比代料栽培的要慢一些,需 50～60 天方可采收。以耳片发白、变软,内部耳片充分展开,整朵银耳空松、圆整、开片,为采收标准。采收后的银耳,可小火烘干或晒干贮存。

二十二、苹果小径木高产栽培法

此法是采用苹果枝条作为段木材料,利用苹果园的郁闭,在苹果树下进行栽培。每 100 千克鲜苹果树枝可收鲜耳 10 千克左右。其他果园和桑园也可参照此法,利用修剪下来的细枝条来栽培银耳。其具体方法如下。

苹果园剪枝时,将修剪下来的苹果树枝,截去过细的枝梢,将直径在 4 厘米以上的树枝,截成约 1 米长的段木,放在果园内晒干,至截断面出现细小裂纹,即可准备接种。直径 1~1.2 厘米的细枝条,可用于培养银耳种木菌种。

4 月下旬进行接种。接种前,将小径段木放到水池中浸泡半天,使含水量达 40％左右,晾干树皮后打孔接种。在地面铺约 5 厘米厚的河沙,将接种后的段木采用"井"字形堆叠在河沙上,用薄膜覆盖发菌。发菌期间,按段木栽培法进行管理。当出现白色耳芽时,按出耳先后将段木抽出,排放到出耳棚内。

经 45~50 天发菌,苹果园的郁闭已经形成,与苹果树行平行。这时即可设立支架,架高约 60 厘米,将段木呈"人"字形交错排放在支架上。用竹片和树枝等作骨架,在段木上方搭设塑料小棚,喷水保湿。每天揭膜通风 1~2 次,在清晨和夜间进行。排杆后 15 天,可收第一潮银耳。小径段木保水能力较差,宜采用少喷、勤喷的方法,保持耳棚内的湿度。

二十三、利用树枝束高产栽培法

此法是将段木栽培剔枝时遗留的枝丫材,以及果园、桑园、行道树等整枝修剪下来的枝条,经截段捆扎,然后装入塑料袋中,灭菌后接种栽培。采用此法,可提高木材的利用率。其生产周期比段木栽培大大缩短,而产量却可达到同等体积木材的 3 倍以上,经济效益和生态效益都比较显著。

(一)截段装袋

取直径 2~3 厘米的枝丫材,截成长 13~15 厘米的短枝。长短要一致,截面要平整。然后将树枝用铁丝捆扎成枝束,枝束直径在 10.5 厘米左右。为减少枝束间的空隙,使其更加致密,可将新鲜枝条用锤子敲扁或用压扁机压扁,然后再截段、捆扎。若枝条偏干,在捆扎后可浸水 1 天,待晾干表面水分,再装入 17 厘米×33 厘米的低压聚乙烯袋中。为防止破袋和促进吃料发菌,装袋时,可在袋底和枝束上端均填入一层拌湿的木屑培养料。装好后,袋口加塑料套环,用棉塞封口。也可采用折径宽 23～50 厘米的大袋,每袋装一束或数束、一层或数层枝束,并在袋底、枝束上端或枝束间填放一些拌湿的木屑培养料。然后将塑料袋进行常压灭菌,在 100℃条件下保持 8 小时。

(二)接种发菌

灭菌后,待枝束袋的温度降至 28℃以下,即可在无菌室内接种。用 17 厘米×33 厘米的塑料袋栽培时,每瓶菌种(500 克,湿重)可接种 4～6 袋,菌种在枝束表面的厚度约有 1 厘米。接种后,将枝束袋置于培养室内,于 23℃～25℃条件下进行遮光培养。经 20 天左右,菌丝在袋内长满后,即可移至耳场或室内床架上进行出耳管理。

(三)出耳管理

1. 室外棚栽法 将菌丝长满的枝束袋移到室外,排放在透气性好、平坦的畦床上,埋沙,扣棚。棚宽 5 米,高 1.8 米;畦宽 2 米,深 7～8 厘米,中间留 50 厘米宽的人行道。将枝束去袋,按 8～10 厘米等距立放,枝束间填满沙土,顶面铺沙厚 1～2 厘米。4 月底扣棚,5 月底自然温度升高,可在棚顶盖遮阳网,遮光度在 50%～90%。如无遮阳网,也可用其他遮阳物。

枝束埋沙后,要浇透水,以后保持沙层湿润即可。沙层温度控制在 24℃左右,最高不能超过 30℃。因沙面水分蒸发快,耳芽出现后要求早、晚喷水 2 次,保持空气相对湿度在 85%～90%。因出耳正值高温期,要注意通风降温,白天要将四周棚膜掀起。从耳芽出现到形成幼耳约需 5 天,此后只需保持湿润即可。由于耳片失水较快,每天需喷水 2～3 次,以保持耳片湿润为度。从幼耳到成熟约 10 天。采收前停止浇水,于翌日清晨采摘。头潮耳采收后,停水 1～2 天,再恢复出耳管理。一般可采 2～3 潮。用 17 厘米×33 厘米塑料袋,每袋平均可产干耳约 50 克。

2. 室内层架栽培法　当袋内菌丝长满后,即可移至栽培室的层架上,增光催耳。当耳芽大量发生时,将枝束从袋内取出,排放在层架上,可参照银耳袋栽或段木栽培法进行出耳管理。由于枝束组织比段木松散,易蒸发失水,故栽培过程中水分管理尤为重要,应把握少喷、勤喷的原则,适当增加喷水量。

二十四、乙烯管装料高产栽培法

此法是用无毒乙烯管作为栽培容器,接种后在室内发菌。耳芽出现后,可按段木栽培法排场出耳。

乙烯管壁厚 0.5 厘米左右,内径 9～12 厘米,长 1～1.2 米。预先在管壁上打孔,孔径 1.5 厘米左右,孔距 10～15 厘米,共 4 行,呈"品"字形交错。任选一种代料栽培的培养料配方,按常规加水拌料。装料前,用胶布封闭孔口,在管的两端分别装入拌好的培养料,压实,然后将两端管口用塑料薄膜封闭。经常压灭菌、冷却后,按照常规,进行打穴接种,4 行接孔种只接种相对 2 行,另外相对的 2 行用于透气。将接种后的乙烯管,放到 25℃ 左右的培养室内发菌。一般经 15 天左右,即可在接种孔处出现耳芽。这时可揭去孔口的胶布,将乙烯管搬放到出耳室、野外荫棚或树荫下等处,按段木栽培法排场出耳。

二十五、银耳生产技术规范

现在将 GB/T 29369—2012《银耳生产技术规范》的主要内容介绍如下。

(一)范　围

本标准规定了银耳生产的术语和定义、生产场所及设施、菌袋制作、菌丝培养、栽培管理和采收。

本标准适用于银耳代料袋栽生产。

(二)规范性引用文件

下列文件对于本文件的应用是必不可少的。凡是注日期的引用文件,仅注日期的版本适用于本文件。凡是不注日期的引用文件,其最新版本(包括所有的修改单)均适用于本文件。

GB/T 5483 天然石膏

NY/T 119 饲料用小麦麸

(三)术语和定义

下列术语和定义适用于本文件。

1. 白毛团　银耳菌丝与香灰菌丝混生在培养基表面形成的白色菌丝团。

2. 菌袋　塑料袋装入培养料、灭菌并接种后,所形成的培养料和菌丝体的混合体。

3. 翻袋　在发菌期间,为了调节温度、通气和检查杂菌污染情况,进行有规律翻动、交换菌袋位置、剔除被杂菌污染的菌袋的操作过程。

4. 袋距　菌袋摆放在床架上时,相邻菌袋之间的距离。

5. 原基　尚未分化的原始子实体的组织团。

6. 拌种　在无菌条件下,将适龄银耳菌种搅碎、拌匀的操作过程。

7. 缓冲道　在栽培房门外,采用防虫网设置的、封闭的防虫隔离带。

(四)生产场所及设施

1. 栽培场所　给排水方便,四周卫生,周边无规模养殖的禽畜舍、垃圾场、集市和粉尘污染源(如大量扬尘的水泥厂、砖瓦厂、石灰厂、木材加工厂等)。

2. 菌丝培养室　室内干燥、保温、通风,每间面积 30～40 米^2,高 2.5～3 米。门窗安装 60～80 目防虫网。

3. 栽培房

(1)栽培房规格　栽培房要求保温、保湿,由墙、天花板、门和窗、通道、屋顶、缓冲道、调温设施、栽培床架组成。菇房长 10～12 米,一条通道的菇房宽 3.3 米、高 3.5～4 米;两条通道的菇房宽 4.4 米、高 3.5～4 米。

(2)墙　墙由 3 层组成。外层砖墙厚 24～40 厘米(空心砖墙厚 24 厘米,土墙厚 40 厘米),中层墙壁要先衬上一层厚 3～5 厘米的泡沫板,内层衬一层塑料薄膜。

(3)天花板　天花板设置防鼠铁丝网和隔热层,通道上方位置设置 2～3 个 80 厘米×80 厘米能开合的天窗。

(4)门和窗　1 条通道的栽培房:1 扇门,前面开 1 扇门,门上方安装 1 个排气扇或 1 个窗,后面开 1 扇窗;2 条通道的栽培房各自开 2 扇门,前、后各设置 2 个窗户或排气扇。窗和门应安装 60～80 目防虫网。

(5)通道　通道宽 1.1 米,正上方等距离安装 2 个小型电风扇和 2 盏节能灯。

（6）屋顶　倾斜度为 30°～45°，用彩钢板、瓦片或水泥瓦搭盖。

（7）缓冲道　缓冲道宽 2 米，安装 60～80 目防虫网，上方安装杀虫灯。

（8）调温设施　采用地下火坑道形式，由烧火口、烧火膛、火烟暗道和烟囱组成。烧火口设在菇房门口外墙脚处，烧火口高 40 厘米，宽 20 厘米；烧火膛直径 80 厘米；火烟暗道高 48 厘米，宽 15 厘米；烟囱高出菇房顶 50 厘米以上，烟囱内径 16～18 厘米。或其他温度调节设施。

（9）栽培床架　层架式，床架用角钢、木头或竹竿等搭建。1 条通道的菇房内安置 2 排栽培床架，架宽 1.1 米；2 条通道的菇房内安置 3 排栽培床架，两边床宽 55 厘米，中间床宽 1.1 米。以栽培房高度为准，床高 3～3.3 米，分 10～12 层，层距 27～30 厘米，床面纵向排放 4 根木条或竹竿等材料。

（五）菌袋制作

1. 原料要求

（1）水　应为未被污染的自来水、井水、山泉水等。

（2）栽培主料

①棉籽壳、黄豆秸粉　要求新鲜，干燥，无霉变、虫蛀、结块、异味、异物。

②木屑　要求为银耳适生树种（壳斗科、金缕梅科、桦木科、杜英科、漆树科、胡桃科、五加科、榛科、豆科、安息香科、大戟科、杨柳科），无霉变，干燥，无异物。

（3）栽培辅料

①麦麸　应符合 NY/T 119 的规定。

②石膏粉　应符合 GB/T 5483 的规定。

（4）基本配方

配方 1：棉籽壳 82%～88%，麦麸 16%～11%，石膏粉 2%～

1%,含水量 55%～60%。

配方 2：木屑 60%,黄豆秸粉 23%,麦麸 15%,石膏粉 2%,含水量 55%～60%。

2. 菌袋制作

(1)装　袋

①采用对折径 12.5 厘米、长 53～55 厘米、厚 0.004 厘米规格的低压聚乙烯塑料袋装培养料。根据制作袋数,计算培养料用量(每袋装干料 0.6～0.75 千克)。按配方比例称取原、辅料。培养料填装高度 45～47 厘米。每个塑料袋填湿料 1.3～1.5 千克。

②擦净塑料袋口内外两面黏附的培养料后,用线扎紧袋口。

③用直径 1.5 厘米的打穴器在填好培养料的料袋单面打穴,每袋打 3～4 个等距离穴,深 2 厘米。

④用规格 3.3 厘米×3.3 厘米的食用菌专用胶布,贴封穴口,穴口四周封严压密实。

(2)灭菌　采用常压蒸汽灭菌。要求灭菌锅内温度在 4 小时内达到 100℃,确保锅内所有料袋的温度达到 100℃开始计时,100℃保持 8～10 小时。灭菌后,趁热取出料袋,并搬运到已做消毒处理的接种室内,"井"字形排放,每层 4 袋。

(3)接　种

①拌种　选择合格的三级种,在接种前 12～24 小时进行拌种。

②接种室消毒　当料袋内温度降至 28℃以下时,将料袋、接种用具等进行消毒。采用熏蒸法消毒,药剂用量 5～10 克/米^3,消毒 2～5 小时。

③接种　消毒后 4 小时即可接种,要求接入穴内的菌种比穴口低 1～2 毫米。每穴接种量约 1.5 克,1 瓶三级种可接种 110～120 穴。接种后的菌袋,按"井"字形叠放,每层 4～5 袋,

每堆叠 10～12 层。

(六)菌丝培养

菌丝培养要求见表 5-2。

表 5-2 菌丝培养要求

日程 (天)	生长状况	作业内容	环境条件要求			注意事项
			温度 (℃)	空气相对 湿度(%)	通风	
1～3	接种后菌丝萌发定植	菌袋按"井"字形重叠室内发菌,保护接种口的封盖物	26～28	自然	不必每天通风	避光培养,室温不得超过30℃
4～8	穴中凸起白毛团、袋壁菌丝伸展	翻袋检查杂菌,疏袋调整散热	23～25	自然	2次/天,10分钟/次	避光,通风时关好纱窗,检出有病虫害的菌筒,并用干净的塑料袋装好,搬离菌丝培养室

(七)栽培管理

栽培管理要求见表 5-3。

表 5-3 栽培管理要求

日 程 （天）	生长状况	作业内容	环境条件要求			注意事项
			温 度 （℃）	空气相对 湿度（%）	通 风	
9～12	菌落直径 8～10 厘 米，白色带 黑斑	栽培房消 毒，床架清洗 晾干，菌袋搬 入栽培房排 放床架上，袋 距 3～4 厘米	22～25	75～80	3～4 次/ 天，10 分 钟/次	栽培管理 整个过程，随 时注意防虫 网密闭，保持 栽培房内外 清洁
13～19	菌丝基本 布满菌袋， 淡黄色原基 形成，原基 分化出耳芽	割膜扩口 1 厘米，覆盖 无纺布，喷水 加湿，保持湿 润	22～25	90～95	3～4 次/ 天，30 分 钟/次	同 上
20～25	耳片直径 3～6 厘米， 耳片未展 开，色白	取出覆盖 物晒干后再 盖上，喷水保 湿	20～24	90～95	3～4 次/ 天，20～80 分钟/次	耳黄多喷 水，耳白少喷 水，结合通 风，增加散射光
26～30	耳片直径 8～12 厘米， 耳片松展， 色白	取出覆盖 物，喷水保湿	22～25	90～95	3～4 次/ 天，20～30 分钟/次	以湿为主， 干湿交替，晴 天多喷水，结 合通风

169

续表 5-3

日程（天）	生长状况	作业内容	环境条件要求			注意事项
			温度（℃）	空气相对湿度（%）	通风	
31～34	耳片直径12～16厘米；耳片略有收缩，色白，基部呈黄色，有弹性	停止喷水，控制温度，成耳待收	22～25	自然	3～4次/天，30分钟/次	保温与通风
35～43	菌袋收缩出现皱褶、变轻。耳片收缩，边缘干缩，有弹性	采收	同上	同上	同上	同上

（八）采　收

1. 采收方法　一次性采收，采摘整个子实体。

2. 初加工　银耳初加工工艺流程如下。

清除杂质→浸泡→清洗→排筛→沥干→烘干→包装（用聚乙烯或聚丙烯）→贮藏

3. 清场　采收后，应及时清除废菌袋、清扫栽培房，栽培房薄膜、地板、床架应洗净晒干或晾干，以备下批次生产用。

第六章　新技术、新方法
及关键技术综述

一、提高接种成功率一法

　　传统的接种箱,密封性不太好,即使看起来绝对严密的接种箱,当接种人员的胳膊伸入接种箱时,箱内占胳膊体积的空气就会出来;反之,外界的不洁空气就会进入接种箱。这也是造成菌种、栽培袋(瓶)染杂和隐性染杂的一个重要原因。通过对接种箱进行一个小改进,可以有效地提高接种成功率,现把此方法介绍如下。

　　在接种箱上套一密封的塑料袋,使其与接种箱上部的通气孔相通。袋上留一放气孔,消毒、接种时扎紧。塑料袋的体积,以占接种箱体积的 1/10 为宜,过大则消毒不彻底。塑料袋套在接种箱的视窗以上,使袋内与外界绝对密封。消毒时,无孔不入的消毒气雾,通过接种箱上部的通气孔进入塑料袋,使接种箱与袋内都达到了无菌状态。这样,接种时,胳膊进出接种箱,造成袋的凸凹,只是形成了袋与接种箱的空气交换,外界不洁空气,不能进入接种箱,从而提高了接种成功率,降低了隐性染杂的发生率。

二、银耳栽培成败的关键

(一)精选菌种

1. 明确菌种的特殊性　银耳菌种并非单一纯菌丝组成,它是由银耳菌丝伴随酵母状分生孢子(俗称"芽孢")、节孢子和香灰菌丝的混合体。扩制菌种时,应同时具备银耳菌丝和香灰菌丝,缺一不可。两种菌丝均可单独培养,但是纯培养的单一银耳菌丝体绝不能形成子实体,必须和香灰菌丝混合培养后,才能用于栽培。

2. 掌握用种的有效性　1 支银耳菌丝与香灰菌丝混合的母种,只能挑取斜面中央凸起的银耳菌丝和旁边少量的羽毛状菌丝,扩制 1～2 瓶原种。原种扩制栽培种时,也只能用原种瓶内上半瓶的菌丝体,并需挖松拌匀。这是因为银耳菌丝生长极慢,仅分布于接种点四周和基部一点,绝大部分基质均由香灰菌丝占领,通过拌匀才能得到混合菌丝。

3. 识别菌种能否出耳　无论原种、栽培种,都要求羽毛状菌丝分布均匀;原种培养基表面要有原基或幼耳,栽培种培养基表面要有白毛团。无上述特征的菌种,栽培后不出耳。

4. 确保菌种的高纯度　培养基质、棉塞应保证均无木霉、青霉、曲霉、根霉等杂菌污染,瓶颈部无透明针尖状的害虫卵囊和烟雾状的螨类,无臭味和酸败味等。

5. 菌种成熟度的选择　从菌种基质中离接种点较深、远处分离获得的银耳菌丝,其成熟度低,即菌丝年轻,生活力强;从接种点附近分离获得的银耳菌丝,则成熟度高,即菌丝年老,易出耳。段木栽培,因木质硬,无外加营养,且大多不经高温处理,故要求爬壁力强、易产生黑疤圈的羽毛状菌丝,以利于迅速分解有机物,满足银耳菌丝生长所需的营养;而银耳菌丝则要求成熟度低,即年轻、有活力。代料栽培,由于配料中添加了营养物质,并经高温灭菌,料疏松,可溶性物质多,因此要求羽毛状菌丝稍弱一些,否则会大量消耗营养,不利于银耳菌丝正常生长发育;而银耳菌丝则要求成熟度高,即较年老,可促使提早胶质化,早出耳、易开片和获得较大的朵型。

(二)优选原材料

1. 木屑 选用杂木屑,要求越细、越陈越好。木屑经存放,能使其中萜烯类等有害物质挥发掉,但木屑不能发霉、结块、变质。使用前需过孔径 3 毫米的筛,除去其中的针状及片状物,以免刺破袋膜。

2. 麸糠 麸、糠要求越新鲜越好。砻糠、统糠营养不及米糠,不能用其完全代替米糠。若因为空气湿度大,麸、糠发生结块,应粉碎暴晒后使用,否则将导致灭菌不彻底。

3. 塑料袋 要选用无砂孔、厚薄均匀、强度高、耐高温的优质低压聚乙烯或聚丙烯筒膜制袋。

(三)防治病虫害

这也是银耳栽培成败的关键因素之一,关于病虫害的具体防治措施,可参见第七章的内容。

三、接种后菌丝发育慢的防治

银耳袋栽时,在一般情况下,接种后经过 4 天培养,接种穴就会有白毛团状的银耳菌丝长出。如果没有菌丝出现,可能有两种原因:一是菌种有问题,需要重新接种;二是菌种没有问题,而且接种是按无菌操作规程进行的,那就可能是培养温度不适合,未能使室温恒定在 26℃左右,尤其是夜间容易偏低。若是这种情况,就应及时调节温度,促使菌丝尽快长出来。

四、代料银耳不出耳的防治

代料袋(瓶)栽培银耳,尤其是在反季节栽培中,接种后,一般

12～14天均会出现子实体原基,15～18天就出耳整齐。但有时会出现有的菌丝长满袋(瓶)还不出耳,或出耳不齐(不匀)的现象。现将出现这些现象的原因及防治方法介绍如下。

(一)原因分析

1. 伴生菌衰退 银耳菌种是由银耳纯菌丝和香灰菌丝(即伴生菌)组成的混合菌丝结构。如果香灰菌丝衰退或死灰,银耳菌丝就很难生长好。

(1)香灰菌丝衰退的表现 菌丝初期呈白色,黑色交叉分圈状逐渐伸展,但不久黑色菌丝逐渐退缩,最终只有白色纤细的银耳菌丝。这种衰退的香灰菌丝,不能分解吸收基内养分,无法提供营养给银耳菌丝生长,银耳原基也就无法形成,更谈不上出耳。

(2)香灰菌丝衰退的原因 菌种传代次数过多,先天性香灰菌丝衰老;低温偏干,发菌期香灰菌丝负荷活力减弱,失去应有功能;发菌阶段温度较适于银耳纯菌丝生长,此时无休止地向香灰菌丝索取养分,使香灰菌丝压力增大,加速衰老死亡。

2. 银耳菌丝挫伤 在发菌期间,气温过低或过高,造成菌丝细胞断裂,生理性活动停顿,不能吸收香灰菌丝所输送的养分,引起穴口内白毛团逐渐萎缩至枯干成粉状。也有的培养基(料)养分过高,香灰菌丝生长旺盛,相对抑制了银耳纯菌丝转入生殖生长,使子实体迟迟未能形成;即使长耳也是长速缓慢、出耳参差不齐。

3. 拌种不匀 接种前,对菌种进行预处理时,或两种菌丝的提取部位不当,或混合搅拌不均匀,致使接入的银耳菌丝与香灰菌丝的比例不当;或接种时只接入银耳菌丝,没接入香灰菌丝;或者只接入香灰菌丝,没接入银耳菌丝。

4. 发菌缺氧 银耳是好气性真菌。而在冬、春季节栽培时,由于气温低,发菌叠堆密集不透气,加上片面强调保温发菌,忽视了开窗通风;也有的为了提高室温发菌,烧煤炭火升温,通风不良,二氧化碳浓度沉积过量,使菌丝不能顺畅呼吸,导致出耳受到影响。

5. 害虫危害　由于银耳的发菌和出耳均需要较高的温度,所以,稍不注意就会招致线虫、螨类、菌蚊幼虫等害虫的侵害。如害虫通过接种口侵入袋(瓶)内,啄食银耳菌丝和幼嫩子实体,也会造成不出耳。

6. 培养条件不当　栽培袋(瓶)放置的位置不同,如架上与架下、窗口与死角、远离热源与靠近热源等,都会造成不同位置的袋(瓶)之间温度与透气条件的差异。如果经常不调换栽培袋(瓶)的位置,也易造成出耳不齐(不匀)。

(二)防治方法

1. 优化菌种　要每隔 1～2 年分离选育 1 次母种,需从栽培群体的菌袋中,选取朵大形圆、耳片粗而肥厚、展片疏松"牡丹花"形的子实体作为分离母本,银耳纯白菌丝和香灰菌丝分别分离培养,注意二者混合培养的"专一性",并实行"子代选优"使种性稳定。菌种培养基经常更换,菌种不断复壮,做好出耳试验。

2. 把好接种关　接种前,要严格检查菌种,发现退化、老化、杂菌感染和有虫害的菌种,应立即淘汰。同时,要根据两种菌丝存在的位置,分别挖取,混合拌匀后接种。

3. 注意增氧　在发菌期间,培养室宜干燥,通风良好。气温高时,要防止高温危害银耳菌丝;气温低时,需保温发菌,但要注意通风换气,排除有害气体。按照技术要求,及时增氧诱耳。

4. 把好防害关　按常规做好发菌室、栽培室内外的病虫害防治工作。在接种穴口敞开胶布前,可用 3‰～5‰苯酚溶液和 20%哒螨灵悬浮剂 2 000 倍液喷洒室内空间和菌袋上,喷后 2 小时通风,排除残留药味后,方可进行菌袋敞口工作。每结束一批银耳生产,都要及时清扫培养室,对培养架进行清扫、清洗、烈日暴晒,按常规灭菌杀虫后,才能进入下一批银耳生产程序。有关更具体的病虫害防治方法,可参见第七章的内容。

5. 调整培养条件 遇到出耳快慢不齐、不匀时,可把栽培袋(瓶)上下调换一下位置,这样出耳慢的很快就会赶上。一般在接种后 12 天就会出现子实体原基,也有的在 20 天后还未出耳,但只要袋(瓶)内有银耳菌丝,以后还是会长出子实体的。

6. 及时补种 在袋(瓶)栽培银耳过程中,因袋(瓶)内银耳菌丝太少或太弱引起的不出耳,或菌丝长到袋(瓶)底,但接种块干涸呈黑色引起的不出耳,或因遭受虫害,啃食了袋(瓶)内的银耳菌丝,应消灭害虫,然后进行补种。

补种方法如下。

①在无菌条件下,用镊子挖去原来接入的老菌种块,补种一块好菌种,然后封口培养,18 天左右即可长出耳片。

②将培养好的银耳试管芽孢菌种,每支试管用 50 毫升无菌水做成悬浮液,然后将袋(瓶)内的培养基用接种针划破,用吸管吸 1 毫升悬浮液滴在培养基上,马上封住袋穴口(瓶口),再培养 18 天左右也可出耳。

五、银耳扭结不开片的防治

银耳出现扭结不开片,主要是由于银耳不能很好地分解培养料中的木质素、纤维素等,致使生活力不旺造成的。银耳属于中温型真菌,其菌丝体发育的最适温度为 25℃左右,不宜过高。接种后 15 天左右,就要扩口或揭去穴口胶布,增氧诱耳。这时银耳菌丝会产生黄水珠样的分泌物,从接种口上吐出,这属于正常发育状态。如果室内温度长期超过 28℃,银耳菌丝体或子实体就会分泌大量黑水,不再生长或易形成畸形耳。银耳属于好气(氧)性真菌,其对二氧化碳也特别敏感。尤其是在子实体形成阶段,更要经常通风换气,保持空气新鲜。如供氧不足、二氧化碳浓度大于 0.1％时(平常空气中二氧化碳的浓度在 0.03％左右,重量比),子实体原基分化就会延迟,并且扭结成团块或不开片。出现以上现象时,应立即通风、喷水、降温、保湿。具体做法:将黑水珠用卫生纸或干净的纱布擦干;通风、喷水,使温度保持在 23℃左右、空气相对湿度保持在 85％左右。

六、银耳耳片枯黄的防治

正常的银耳子实体质地松软,晶莹洁白,半透明,而且有弹性。袋(瓶)栽银耳时,如果耳片出现枯黄萎缩现象,可能是由于菌种传代次数太多,菌种发生退化而引起的。一般优良的银耳菌株连续使用 3～5 年后,长出的子实体就会越来越黄。如果同样的菌种,有的子实体又白又大、耳片肥厚,仅是部分或某段时间出现枯黄,这就是栽培管理问题,一般是氧气不足和空气湿度不够造成的。所以,要在保持规定温度的前提下,及时开窗通风换气和喷水增湿,使银耳子实体发育阶段的空气相对湿度保持在 85％～95％之间。如果空气相对湿度低于 60％,银耳子实体就停止生长;低于 50％,子实体将不再分化,即使分化的幼耳也会干枯死亡。喷水时不要直接喷到子实体上,而要喷在覆盖的无纺布(或纱布、报纸)上。可通过在培养室内挂湿布,或在炉火上架水锅,依靠其产生的水蒸气来提高空气相对湿度。喷水时还要掌握"六多六少",即耳黄多喷,耳白(湿)少喷;耳肉厚多喷,耳肉薄少喷;耳大多喷,耳小少喷;空气干燥多喷,空气湿度大少喷;气温高多喷,气温低少喷;晴天多喷,阴雨天少喷。这样,通过合理的通风增氧和喷水增加湿度,很快就能使耳片恢复正常生长。

七、银耳栽培欠收失败的原因

耳农常讲："银耳生产无常胜将军"，道出了银耳栽培的难度。银耳生产虽不是高科技，但相对而言，却比其他大多数食用菌生产的技术性更强、难度更大。这是因为银耳两种菌丝混合体的生物学特性与众不同，且其生产周期仅有 40 天左右，故各个环节管理均须十分严格；否则，就会导致欠收减收，甚至全部失败。

银耳栽培欠收失败的原因，有客观方面的，也有主观方面的。总结其失败原因，让生产者在实践中加以注意；同时，有针对性地采取相关措施，尽力避免与防患，对于实现银耳栽培的优质高产具有十分重要的意义。现仅将常见的导致银耳栽培欠收失败的人为原因剖析如下。

（一）菌袋基质欠佳

表现在接种后，杂菌污染严重。主要原因有培养料酸败，或料袋灭菌不彻底，或塑料袋质次、有针孔，或培养料含水量过高等。

（二）栽培季节失误

未根据当地气候情况，因地制宜确定最佳接种期，盲目提前或延后接种，结果导致生长期春遇寒流，秋遭高温，使菌丝受伤，影响出耳和产量。

（三）接种把关不严

接种室及接种工具消毒不彻底，或周围环境不卫生，或操作人员个人卫生不符合要求，或不按无菌操作规程进行接种等。

（四）发菌控温不当

银耳接种后 1～12 天，属于菌丝生长期，其中头 3 天为萌发期，4 天之后为发育期。前后期间对温度要求不一，萌发期温度应控制不超过 30℃，发育期不超过 28℃。有的栽培者秋栽发菌时，没有很好掌握这个极限温标，超温后又不采取疏袋散热等措施，致使菌丝受高温危害，穴口吐黑水，发生烂耳；春栽发菌时，遇到春寒没及时加温，使菌丝长时间处于低温，引起细胞脱水，致使穴口吐白色黏液，这些都直接影响出耳和产量。

（五）增氧诱耳误期

菌袋增氧诱耳的适宜菌龄，应掌握在 14～15 天；而袋旁划线增氧的菌龄一般为 20～23 天，比割膜扩口迟 7 天左右。在实际生产中，常有因增氧诱耳时间拖延，使袋内菌丝严重缺氧而生长衰弱，出耳困难或出耳不齐的现象发生。

（六）喷水增湿过失

菌袋增氧诱耳盖纸后，未及时喷水，致使穴口菌丝干枯，原基难以形成。有的栽培者一见原基形成，就直接喷水，引起原基受害，而不能再出耳（银耳每穴只长 1 粒原基，之后分化成 1 朵子实体，如果原基受害，就无法再出耳）；幼耳期喷水过量，会造成瘁耳；关门喷水通风不良，会造成真菌发生而烂耳；培养架过高，喷水时高层喷不到，底层又过湿，易造成高、低层出耳不齐，甚至高层缺水，子实体发育不良。

（七）房棚结构不妥

民间常用住房栽培银耳，多为单门，缺窗口，空气不对流，因此靠门口一带通风好，长耳优；靠里面一批菌袋长耳较差，影响整体产量。有的栽培房上方不设通气孔,喷水增湿后水蒸气上升,汽水滴在栽培架顶层的耳袋上,造成顶层子实体霉烂。

(八)菌种质量不良

因菌种造成栽培失败的有多种表现:一是菌种本身不纯,带有杂菌或病毒,尤其是"杨梅霜菌",肉眼不易辨认。它混在菌种内,接种后萌发力极强,压倒银耳菌丝,导致无法出耳;二是香灰菌丝退化,接种后初期走势正常,呈黑色,中途逐渐褪成白色并消失,导致整批不出耳;三是因夏季气温高,室内空调适温育种,但菌种售出后,运输过程中超温,银耳菌丝受到挫伤,造成无法出耳;四是在制种过程中,两种菌丝配比失调,香灰菌丝过旺占了优势,而银耳菌丝受到制约,致使出耳缓慢或出耳率不高;五是因菌龄过老,菌丝活力差,造成出耳慢、朵小、欠收。

(九)虫害防治疏忽

在菌袋开口撕布前,环境灭害工作没到位,开口后螨虫钻进穴口咬吃菌丝,造成无法出耳;也有的因门窗没安装纱网,蚊虫侵入。尤其是春季原基分化成幼耳时,成群瘿蚊从窗口飞入,聚集在穴口上咬食幼耳,破坏子实体生长。这些瘿蚊繁殖率极高,产卵于穴口并发育成幼虫,其后钻进穴内咬食菌丝,造成菌袋成批败坏。

(十)岗位责任制不健全

特别是工厂化生产的厂(场),没有制定好银耳栽培管理全过程的岗位责任制,技术不到位,责任不到人。尤其是料袋灭菌时,擅离岗位,中途停火降温,造成灭菌不彻底,杂菌污染菌袋;开口增氧这一技术环节没有重视,胶布撕后,穴口菌丝呼吸增强,则需要喷水增湿。此时耳房(棚)温度上升,如遇气温变化时,须午夜进房(棚)喷水,通风降温,但在这成败的关键时刻,如果管理马虎,就会造成白毛团损伤甚至死亡,导致栽培失败。

八、臭氧功能水喷雾器

由河北省宝强农业科技有限公司研制、生产的"绿保牌"不用农药的喷雾器,又叫"臭氧功能水喷雾器",是一款具有国际先进水平的新型植保设备。近年来,已获得多项国家专利,并受到了广大用户的好评。

该喷雾器只需加水就可杀虫灭菌。其原理是以臭氧生成技术为依托,通过高压放电生成臭氧分子,臭氧分子在特殊的装置中瞬间与水结合、溶解,形成高浓度的臭氧水。然后通过高压喷头,将高浓度的臭氧水喷洒在食用菌、蔬菜等植物上,达到灭菌杀虫的目的,从而替代各类农药。

该喷雾器不但能起到灭菌、杀虫、代替农药并降解残留农药的作用,而且使用后,臭氧能快速衰变为氧气,不存在二次污染问题,可使土壤、地表水、地下水的污染得到有效的改良。同时,该产品还具有低耗功能:由于该产品的动力源是电源发生器,其寿命可高达4 000多小时,所以水和电是该产品的主要运行成本,而水和电的成本几乎可以忽略不计,故该产品的运行成本很低。因此,该产品具有"低碳、环保、绿色、节能"四大功能。

试验证明:该产品喷出的高浓度臭氧功能水,对真菌、细菌的杀灭率均可达100%,对病毒的杀灭率为96%,同时对螨虫、虫卵等弱体虫也均有较强的杀灭作用,而且可以促进食用菌的生长,提高食用菌的产量和质量。在银耳无公害生产、绿色生产过程中,使用该产品实施杀虫灭菌,同样可以收到事半功倍的效果。近年来,该公司生产的臭氧功能水喷雾器,在陕西西安市杨凌的农高会等博览会上,均受到了广大农户的欢迎和好评。

九、耳棚蒸汽加温新法

冬季栽培银耳时,耳棚内常需加温。现介绍一种新的蒸汽加温方法,此法同样适用于其他菇耳类栽培棚。

(一)加温炉砌建

在耳棚内靠墙垒一个稍大于汽油桶的方形炉灶,在墙体上砌1个洞作灶门,将汽油桶直立在灶台上方。周围用泥糊严,灶台的两个外角各竖起一根直径 10 厘米、高 1.5 米的烟筒,将其固定在油桶上,再用弯头连接同样大小的烟筒 5 米以上,通向棚外。此时一个蒸汽加温炉已建成。优点:一是左、右两角 2 支排烟筒,同时又是 2 支加热管道。开始点火水未沸腾,烟筒即已开始散发热量,其热量远大于普通煤炉的热量。二是油桶内水达到沸点,通过出气管蒸汽喷发到棚内,此时灶体与油桶也变成了一个巨大的发热体。三是 1～2 小时后,火势减弱,蒸汽不再排出,但其桶体和烟管仍在供热。此法升温快,增湿好,保温时间长,热能利用率在 90%以上,每个炉灶可控温约 60 米^2 面积的耳棚。

(二)具体操作

在距桶底 13 厘米处焊 1 个口部向上的弯管,加水约 30 升,每次加水以弯管口外溢为止,每次加温约耗水 15 升,加温期间无须加水。烧火方法:先用柴火将水烧沸,然后在灶内放进直径 12 厘米的煤球 15 个,此时即可关闭灶门,无须专人看管。根据市场需求和气候,可每天加温 1～2 次。每次加温前应注意通风。

十、银耳废料的再利用

银耳废料是指银耳代料栽培经出耳后的残渣物,即下脚料或银耳菌渣。银耳菌丝体和香灰菌丝体对木质素和纤维素具有很强的分解能力,可将杂木屑、棉籽壳、作物秸秆、作物皮壳、甘蔗渣、甜菜渣、树叶等中的木质素和纤维素分解,转化为人类可食用的银耳子实体。银耳收获后,菌渣中难以被动物(反刍动物除外)消化利用的粗纤维和木质素含量大大下降,而蛋白质、糖等营养物质的含量则明显提高,其营养成分更加丰富,对其进行再利用,有着广阔的前景。综合近年来国内各地的经验,银耳废料再利用的途径主要有以下几个方面。

(一)栽培食用菌

利用银耳废料栽培其他食用菌,可大大降低食用菌的生产成本。其可栽培的食用菌种类很多,现略举几例。

1. 栽培鸡腿菇

培养料配方可酌情选用以下配方:

配方 1:银耳废料 96%,尿素 0.2%,过磷酸钙 1.8%,石灰粉 2%。

配方 2:银耳废料 85%,麦麸 6%,玉米粉 4.8%,尿素 0.2%,过磷酸钙、石灰粉各 2%。

配方 3:银耳废料 65%,稻草粉 20%,麦麸 6%,干鸡粪 4.8%,尿素 0.2%,过磷酸钙、石灰粉各 2%。

配方 4:银耳废料 60%,豆秸粉 20%,杂木屑 10%,麦麸 5.8%,尿素 0.2%,过磷酸钙、石灰粉各 2%。

以上银耳废料均需选未被杂菌污染的,打碎晒干保存;稻草、豆秸用孔径 1 厘米的饲料粉碎机粉碎。料水比均为 1∶1.3～

1.5。将拌好的培养料建堆 5~7 天,期间共翻堆 3 次。然后装袋接种,发菌培养。菌丝满袋后脱袋畦栽。一般可采 3~4 潮菇,生物学效率可达 95%~120%。

2. 栽培姬松茸

培养料配方:晒干银耳废料 45%,稻草 25%,棉籽壳 12.8%,干牛粪 15%,尿素 0.2%,过磷酸钙、石膏粉各 1%。料水比 1：1.4~1.6。按制造蘑菇堆肥的方法进行堆制发酵,翻堆 4~5 次,发酵时间约 21 天。采用畦床栽培法,出菇期可持续 2 个月,可采 3~4 潮菇,每平方米可产鲜菇 5 千克以上。

3. 栽培毛木耳

培养料配方:晒干银耳废料 30%,棉籽壳 30%,杂木屑 40%,另加碳酸钙 1%,复合肥 0.3%,料水比 1：1.2 左右。可用 15 厘米×55 厘米等规格的塑料袋装料,按毛木耳袋栽常规生产,采用畦面出耳法,生物学效率可达 100% 以上,生产成本降低 20%,原料利用率提高 30%。

4. 栽培金针菇

培养料配方:晒干银耳废料 60%,棉籽壳 20%,麦麸 18%,碳酸钙 2%,料水比 1：1.2 左右。按金针菇袋栽常规生产,接种后35~40 天出菇,生产周期 70~80 天,可产菇 2 潮,生物学效率在80% 左右。

(二)饲料添加剂

因为银耳废料内含有大量的菌类蛋白和多种氨基酸,其粗纤维下降一半多,营养成分近似于谷糠,且适口性较好,将其作为饲料添加剂,完全可代替谷糠之类的粗饲料饲养猪、鸡、兔等畜禽动物,从而达到降低养殖成本的目的。

可将那些菌丝生长洁白、培养料未被污染的银耳废料及时晒干后粉碎,按 10%~30% 的比例添加到饲料中。为使饲喂效果更好,可采用训食法,即每次当畜禽的食欲达到高峰时,在精饲料中加少量细碎的银耳废料,并逐渐加量进行训食。银耳废料作为饲料添加剂时,以秸秆基料的废料为好,棉籽壳基料的废料次之。从利用银耳废料作饲料添加剂喂猪的效果来看,猪生长不但正常,而且比不加银耳废料时生长快 50% 左右。从饲料报酬结果看,将银耳废料添加在饲料中喂猪,猪每增重 1 千克,比用对照饲料饲喂可节约饲料 650 克,饲养的经济效益比对照提高约 30%。银耳废料除作为饲料添加剂饲喂畜禽外,还可作为饵料养殖低等动物,然后再用低等动物饲喂畜禽等。例如,用银耳废料养殖蚯蚓,比用发酵后的马粪养殖蚯蚓效果还好,蚯蚓的繁殖速度快。培养过蚯蚓的银耳废料,含有蚯蚓粪及部分小蚯蚓和蚯蚓卵,将其粉碎后,掺入精饲料中喂鸡,对鸡的产蛋率并无不利影响,而且可降低养鸡成本。

(三)肥料和覆土材料

银耳废料中含有较多的有机质和矿质营养元素,以及植物生长促进物质,因此它是一种很好的有机肥料和覆土材料。其利用方法主要有以下几种。

1. 用作林果业、农作物、花卉种植的肥料 在柑橘、苹果、梨、葡萄等水果园内开环状槽,槽深 50 厘米,再把银耳废料深施后掩埋,可起到改良果园土壤、提高水果品质、增产增收的效果,而且肥效持久,经济实惠;也可用作棉花花蕾肥及红薯、马铃薯、小麦、玉米、大豆的基肥,可显著提高作物产量;在花卉种植中,将银耳废料与肥土混合后,堆积自然发酵,用来作为花卉苗圃、花盆的养花基肥,可改善苗圃及花盆的土壤结构、通气性、保水能力,长出的花草枝繁叶茂,花朵艳丽,且成本低。

2. 作为酸性有机肥改善盐碱地 当栽培袋出 3 潮耳后,基料的 pH 值大部分降至 5～4,所以可作为一种很好的酸性农家肥,施用在盐碱地里。据试验,施用后的碱地小麦,茎秆粗壮,籽粒饱满,与对照形成鲜明对比,其产量接近一类田。施用方法是将银耳废料稍加堆积,与土壤混匀后,即可播种小麦等作物。

3. 施入稻田改善土壤物理性状　稻田地中连年大量施用单一化肥,易造成土壤板结,致使作物根系生长受限,缺素严重。因为银耳废料腐殖质含量高,比较疏松透气;氮、磷、钾及微量元素有效含量较丰富;而且含有促进植物生长的激素和生物素,所以施用银耳废料不但可有效疏松土壤结构,还能提高作物根系的吸收能力。方法是用石灰把银耳废料的 pH 值调至 7～8,堆积 4 天翻料 3 次,即可直接施用。

4. 在蔬菜育苗时代替覆土材料　各类蔬菜在育苗时,如遇低温高湿天气,极易发生根腐、猝倒等病害。如在育苗时,用处理过的银耳废料作覆土材料,覆盖在蔬菜种子上,可有效减轻或消除菜苗的病害。因为废料透气性好、失水性强,能有效降低菜苗根部的湿度,从而可减少或避免病菌的滋生。方法是把银耳废料 pH 值调至 8～9,发酵 5～6 天,晒干备用,用时加 20% 的草木灰。

(四)用作菇棚的加温材料

在我国北方,冬、春季节自然温度低,发菌房和种菇(耳)的塑料大棚不辅助以升温措施,很难出菇(耳),但目前大多数生产者升温用的燃料是煤炭。用煤炭加温不仅投资大,成本高,而且也是一种资源浪费。用干燥后的银耳废料作为菇棚的加温燃料,不仅可节约煤、柴,而且其火焰类似于无烟煤,不易产生有害的浓烟气体。栽培者只需将升温炉的灶体结构稍加改造,即可将烧煤改为烧银耳废料。这样,每年既节约了大量的燃料投资,同时也解决了银耳废料造成的环境污染问题。现将其具体方法介绍如下。

第一,改制炉子,用容量180升的废油桶,将中间割开(可做2个炉子)。在顶部(或底部)中间开一直径约30厘米的孔,比一般大号炉圈稍小一点,用于加放废菌袋。在距顶部附近一侧面开1直径约20厘米的孔作出烟洞。第二,在准备安放炉子的地面挖1长80~100厘米、宽40厘米、深约60厘米的炉坑,用于通风和盛炉灰。第三,用直径2厘米的钢筋当炉条,焊1个长80厘米、宽50厘米、炉条间距1厘米的炉箅子,放在挖好的炉坑上面用砖固定,把改制好的炉子放上。第四,用砖紧挨炉子垒烟道,类似于火墙,直通室外去的垂直烟筒处,长短高矮视具体位置而定。将脱下塑料袋后的银耳废菌筒堆放起来,自然风干或晒干后冬季备用。

采用此法,可节约一半的煤炭;烧过后的耳袋灰是草木灰,往栽培菇(耳)的新料里适当拌一些可增加食用菌的产量,减少其他原料的用量;从废菌袋上脱下来的塑料袋可重新装上新料,经常温消毒后可再用3~4次。除用作菇棚的加温燃料外,还可将银耳废料用来作生产菌种和熟料栽培时的灭菌燃料,同样可以节省生产投资。

(五)生产家用燃气

据测定,利用银耳废料或其他食用菌废料生产燃气,比直接利用秸秆、木屑,产气速度快、热值高。3~5千克废料可产6~10米³燃气,可以满足一个3~5口人的家庭每天生活用能的需要。种植者在栽培银耳的同时,利用银耳废料生产燃气,既可节约生活及生产投资,又可减少废料带来的环境污染,一举多得。

银耳废料转变为燃气,只需1台燃气发生炉与1台燃气灶连接即可。燃气发生炉可以到气化炉具厂购买,亦可用土法建造。燃气灶可用旧液化气灶改装或购买。无论是出耳后的银耳菌渣,还是生产过程中感染杂菌且霉烂的废料,只要通过晒干或自然晾干均可利用。每次使用时,需将1.5~2千克银耳废料投进燃气发生炉内,2~3分钟即可转化为优质燃气供燃烧。燃气无烟无尘,蓝色火焰,连续产气可达80分钟以上。3~5口人之家,每天做饭、烧水、炒菜及煮牲畜食物等用能，只需银耳废料 3～5 千克即可。同时，还可洗澡淋浴（发生炉有热水装置），冬天取暖。栽培银耳年投料在 5 000 千克的种植户，出耳后的废料完全可以满足家庭中 1 年生活用能的需要。

其他食用菌废料同样可以参照上法加以开发利用。但各种食用菌废料的营养成分含量均有差异，故在用来栽培食用菌及用作饲料添加剂时，其添加量也略有不同。我国是食用菌生产大国，每年食用菌产地都会有大量废弃的银耳等食用菌原料产生，特别是老产区和规模生产区，废弃的食用菌原料就更多。妥善处理与利用银耳等食用菌废料，对保护生态环境，更好地发展食用菌生产，均有十分重要的意义。希望能引起广大栽培者的重视。

第七章　银耳的病虫害防治

一、综合防治措施

　　银耳的病虫害种类较多,发生普遍,危害也相当严重。对病虫害的防治,应认真贯彻"以防为主,防重于治"的综合防治方针。通过采取各种有效的措施,以期预防和控制病虫的危害。病虫害一旦发生,则要认真查找原因,及时采取有效的办法,彻底消灭或抑制其蔓延,力争把病虫危害降到最低限度。只有在十分必要时,才可施用化学药剂。施用的药物不得妨碍银耳的正常发育,且施药后银耳须无残毒。综合防治的内容主要有以下几点。

(一)搞好环境消毒

　　菌种生产场所和栽培场所均要远离易滋生病菌和害虫的各类污染源。栽培用的室棚、床架及拌料场地等设施,在使用前应彻底打扫、清洗和消毒。首先清除内外环境中的杂草、垃圾、废弃物等,然后进行修整、清洗、消毒,以彻底清除和杀灭藏匿在床架、屋顶、墙壁、地面缝隙等处的病菌及害虫。为防止外界尘土污染及害虫侵扰,发菌室、耳房、耳棚的门窗及通气孔均应安装纱网等保护性隔离物。制种及栽培场所除了做好日常的清洁卫生工作外,还必须定期消毒。对各种废弃料要及时处理掉,对被病虫污染物及时烧毁或深埋,以防污染环境,传播病虫。要选用优质、干燥、无霉变、无虫蛀的培养料。除化学添加剂以外,其他原料在使用前都应在烈日下暴晒2～4天。培养基(料)灭菌要彻底。严防菌袋破损,防止接种污染,保持接种口、袋口、瓶口洁净。

(二)注重健体栽培

第一,要选用纯度高、无病虫害、菌龄适当、活力旺盛、抗性强的优质菌种;同时,在播种时,可适当加大用种量,并且创造条件使菌种迅速萌发,在较短的时间内长满料面,这样可以更有效地抑制病虫害的发生。第二,在配制培养基(料)时,要做到营养成分搭配合理,培养基(料)的含水量及酸碱度合适。第三,要适时栽培。选用温型合适的菌种,适时种植,科学管理,才有可能获得优质高产。

(三)加强科学管理

通过科学管理,创造一个有利于银耳生长发育的生态环境,可使某些病害及虫害减轻到最低限度。在整个栽培期间,要根据银耳生长发育的不同阶段对生长条件的要求,调节好温度、湿度、空气、光照、营养供给等生态条件,使其尽量保持在最佳水平。尤其是要严防高温、高湿及通风不良,因高温、高湿易引起真菌发生,通风不良则易造成幼耳发育迟缓和耳体畸形。耳场用水必须净化,死水、污水均不可用。栽培管理人员要搞好个人卫生,使用的工具、容器等要保持清洁。

(四)实行生物防治

利用生物或生物代谢物来防治病虫害,称为生物防治。它包括采取植物性药物和培养动物性天敌来防治病虫害等方法。有些植物含有杀菌、驱虫的药物成分,可作为防治病虫害的药剂。如除虫菊,就是绿色植物农药的理想原料,它主要含有除虫菊素,花、茎、叶可提取除虫菊酯类农药,是合成溴氰菊酯、氰戊菊酯的重要原料。可将除虫菊加水煮成药液,用于喷洒耳房(棚)环境,杀灭害虫;还可将除虫菊熬成浓液,涂在木板上,挂在灯光强的附近地方诱杀菌蝇、菌蚊,效果很好。

此外,烟草、毒鱼藤、苦楝、臭椿、辣椒、大蒜、洋葱、茶籽饼、草木灰等,都可以作为植物制剂农药,用其杀虫,既成本低廉,又无公害。这其中,烟草、毒鱼藤又和除虫菊合称为"三大植物性农药"。

还有一类微生物杀虫剂。如苏云金杆菌(简称 Bt)就是一种天然的昆虫病原细菌,它对鳞翅目、鞘翅目等害虫,以及线虫、螨类等都有特异性的毒杀活性,而对非目标生物、人畜以及环境安全。由于 Bt 具有杀虫专一、高效和对人畜安全等优点而广受用户欢迎。其商品制剂已达 100 多种,是目前世界上产量最大、使用最广、效果最好的微生物杀虫剂。

另外,还可采取以虫治虫,如利用寄生蜂、寄生蝇防治其他害虫等。

(五)运用物理防治

物理防治是利用各种物理手段,包括人工或器械杀灭病菌和害虫的方法。其具体措施有很多,现略举几例。

第一,利用特殊光线杀菌诱虫。利用日光暴晒、紫外线杀菌。接种室、超净工作台、缓冲室内安装 30 瓦紫外线灯,每次照射 30 分钟左右,能有效杀灭细菌及真菌。黑光灯具有较强的诱杀力,许多昆虫具有趋光性,可在耳房(棚)内安装黑光灯,诱杀菌蚊、菌蝇、蝼蛄、叶蝉、菇蛾等。

第二,利用臭氧气体杀菌。臭氧具有高效广谱消毒灭菌作用。通过高压放电,把空气中的氧气转变成臭氧,再由风扇把臭氧吹散到空气中消毒杀菌,或由气泵把臭氧注入混合水中形成灭菌水剂,通过喷洒消毒灭菌,效果均很好。

第三,设障阻隔。像前述的在发菌室门窗等处安装纱网,防止窗外蚊、蝇、蛾及其他昆虫飞入危害,即属此例。野外耳棚栽培银耳,可用 30 目的遮阳网遮盖,既可防虫,又可遮阳。

第四,人工捕杀。例如,银耳菌袋在室内发菌培养阶段易遭鼠害,可采用捕鼠夹捕捉。野外耳棚常出现蛴螬、蛞蝓、蜗牛、瓢虫等入侵,可直接捕捉。

第五,低温处理。将银耳菌种,经过一段时间的低温处理,也能有效地杀死螨类,而使菌种无螨。

(六)辅以药剂防治

利用药剂(农药)防治病虫害,只是一种应急措施。即当病虫害发生凶猛时,在万不得已的情况下,才可采用农药防治。用药时,首先应选择生物农药或生化制剂农药,如苏云金杆菌、白僵菌等;其次选择特异性杀灭昆虫的农药,如氟苯脲、氟啶脲、氟虫脲、除虫脲、灭幼脲等杀虫剂;再则选用高效、广谱、低毒、残留期短的农药,如敌百虫、辛硫磷、炔螨特、氟虫腈等杀虫剂以及百菌清、福美双、甲基硫菌灵等杀菌剂。

用药要领:首先,要熟悉病虫种类,了解农药性质,按照说明书规定的使用范围、防治对象、用量、用药次数等事项使用,不得盲目提高使用浓度。做到用药准确、适量、复配正确,交替轮换用药,防止单一长期使用一种农药,使病虫产生抗性。其次,要注意用药安全,这才是最重要的。要选用相应的施药器械,配药时人员要戴好胶皮手套,禁用手拌药;同时,要远离水源和居民点;要专人看管,防止药剂丢失或人、畜、禽误食中毒。喷药时注意个人防护,戴好防毒口罩;喷药期间不得饮酒,禁止吸烟、喝水、吃其他东西,不得用手擦嘴、脸、眼睛。

其余需注意事项,可参阅第三章"用药用肥要求"中的相关内容。

二、病害防治

（一）木　霉

又名绿霉，属于真菌门，半知菌亚门，丝孢纲，丝孢目，丛梗孢科，木霉属。该属有数十种，危害银耳生长的主要有绿色木霉和康氏木霉等。木霉是一种竞争性的杂菌，危害范围较广，在银耳制种和栽培的各个阶段均可能发生危害。

1. 危害症状　在 PDA 培养基上，木霉菌落生长迅速，棉絮状，开始为白色，以后呈不同程度的绿色。木霉常发生在偏酸性的培养基内和子实体生长阶段。培养基（料）受污染后，菌落初呈白色，纤细、致密，无固定形状；以后从菌落中心向边缘逐渐变成浅绿色，再进一步蔓延生长变成深绿色，出现粉状物。受污染的培养基（料）变成黑色，发臭、松软而报废。侵染子实体时，病菌先从接种口的子实体基部侵染；染病后子实体变为黄色，逐渐在其表面产生一层白色的菌丝，然后产生绿色霉层。早期染病的子实体萎缩不长，后期感染的子实体逐渐腐烂。银耳受害严重时，产量损失巨大。

2. 发生条件　木霉菌广泛分布于土壤、肥料、植物残体及空气中。其分生孢子主要靠气流、水滴、昆虫、螨类等传播。多年栽培的老耳房、带菌的工具和场所是主要污染源。该杂菌在高温、高湿和培养料偏酸的条件下极易发生。温度 15℃～30℃、空气相对湿度 95％以上、基质 pH 值在 6 以下，均适合该菌生长、繁殖和侵染。银耳栽培时，当子实体充分开片成熟后而未及时采收，在气温较高和湿度大的条件下可引起发病。

3. 防治措施
第一，注意环境卫生，定期消毒，杜绝污染源；培养料灭菌要彻底,接种时严格无菌操作;菌袋堆叠要防止高温,定期翻堆检查;出菇阶段防止喷水过量,注意耳房(棚)通风换气。

第二,银耳菌种一旦发现木霉污染,应立即废弃。

第三,如在菌袋料面发现木霉,应及时挖除受污染的培养料;必要时采用75%酒精,或5%苯酚溶液,或5%生石灰水,或45%噻菌灵悬浮剂800~1000倍液,或25%甲霜灵可湿性粉剂300~500倍液,或70%甲基硫菌灵1000倍液,或75%百菌清可湿性粉剂1000~1500倍液,或20%硫磺多菌灵悬浮剂4000倍液。以上药剂任选其一,注射污染处,可控制木霉蔓延;污染面较大的采取套袋,重新进行灭菌接种;子实体被侵染时,可提前采收,以免扩散发展。

(二)毛 霉

又名长毛菌、长毛霉、黑面包霉等,属于真菌门,结合菌亚门,结合菌纲,毛霉目,毛霉科,毛霉属。危害银耳生长的有大毛霉、小毛霉和总状毛霉等,主要发生于银耳的制种过程中。

1. 危害症状 在PDA培养基上,毛霉的气生菌丝极为发达,早期白色,后为灰色。毛霉常发生在银耳菌种和栽培袋的培养料上,其适应性极强,生长迅速。随着菌丝生长量的增加,形成交织稠密的菌丝垫,使培养基(料)与空气隔绝,抑制银耳菌丝的正常生长,严重时可使菌瓶(袋)变黑报废。

2. 发生条件 毛霉广泛存在于粪肥、草料、土壤和空气中;对环境的适应力强,生长迅速,产生的孢子数量多,主要靠气流传播危害。毛霉喜潮湿条件,如周围环境不卫生,或瓶(袋)的棉塞受潮,或培养基(料)偏酸及含水量过高,或接种后培养室的湿度过高,或培养室及栽培场地通风不良,均易受毛霉侵染。其中小毛霉是一种喜热真菌,在22℃~25℃条件下,能在几天内迅速污染整瓶菌种,使菌种成批报废。

3. 防治措施

第一,注意净化环境,培养基(料)彻底灭菌,严格无菌操作,菌种瓶、栽培袋上的棉花塞要防止受潮积水,菌种培养室湿度不要过高;加强耳房(棚)消毒,及时通风换气,降低空气湿度,以控制其发生。

第二,发现菌种受污染应及时剔除,绝不播种带病菌种。

第三,一旦在菌袋培养料内发现侵染时,可用 $70\% \sim 75\%$ 酒精,或 pH 值 $9 \sim 10$ 的生石灰水上清液注射患处;污染严重的培养料要及时拣出,烧毁或埋于土中,以防杂菌孢子扩散。

(三)根　霉

又名面包霉,属于真菌门,结合菌亚门,结合菌纲,毛霉目,毛霉科,根霉属。与毛霉同属一科,生长习性有很多相似之处。根霉也是银耳生产中一种常见的杂菌。危害银耳生长的主要是黑根霉,又叫匍枝根霉、黑色面包霉。在制种及出耳阶段均可发生,但主要发生在制种阶段。

1. 危害症状　在 PDA 培养基上,根霉的菌落初为白色,气生菌丝发达,后产生黑色小颗粒,菌丝呈灰色。根霉侵染培养基(料)后,初期在料面上出现匍匐菌丝,向四周蔓延,并每隔一定距离,长出假根,吸收培养基(料)中的养分和水分;后期在培养基(料)的表面 $1 \sim 2$ 毫米高处形成许多圆球状的小颗粒体,初为灰白色或黄白色,后变为黑色颗粒状霉层,形似一片林立的大头针,这是根霉污染后的最明显症状。根霉与银耳菌丝争夺营养和水分,对银耳菌丝生长和正常出耳均构成一定威胁,其危害程度要大于毛霉。

2. 发生条件　根霉适应性强,分布广泛,在自然界中存在于粪肥、土壤、生霉材料和各种有机物上。其孢子随空气飘浮,四处传播。在银耳生产中,如培养基(料)灭菌不彻底,培养窖、栽培室通风不良,湿度过大,培养基(料)含水量过多等,都易导致根霉污染。此杂菌在 pH 值 4~6.5 条件下生长较快。根霉虽然没有生长茂密的气生菌丝,但匍匐菌丝的蔓延速度仍很快,只是不及毛霉的生长速度而已。根霉分解淀粉的能力强,在 20℃~25℃ 的湿润环境中,3~5 天便可完成 1 个生活周期。

3. 防治措施 参见毛霉。

(四)曲 霉

曲霉,属于真菌门,半知菌亚门,丝孢纲,丝孢目,丛梗孢科,曲霉属。其种类很多,危害银耳的有黑曲霉、黄曲霉和红曲霉等,主要在银耳制种阶段污染危害。

1. 危害症状 曲霉侵染银耳菌种后,菌落有局限性,即菌丝扩展慢,且很快形成分生孢子头,使菌落呈黄绿色或黑色粉状霉层。随着时间的延长,霉状菌落逐步扩大,但扩展速度缓慢。曲霉除侵染菌种的培养基以外,还常出现在菌种瓶内侧的壁上,或者棉塞上。曲霉侵入菌种基质后,受害部位明显,可见到粗短疏松的病原菌丝和有颜色的霉状颗粒,布满菌瓶需时较长。它与银耳争夺养分和水分,分泌有机酸类毒素,影响银耳菌丝生长发育,并发出一股刺鼻的臭气,致使银耳菌丝死亡。同时,也危害子实体,造成烂耳。

2. 发生条件 曲霉广泛存在于土壤、空气、各种有机物及农作物秸秆中,以分生孢子传播危害。适于曲霉生长的温度为 20℃~35℃,空气相对湿度为 65%~85%,pH 值为近中性至弱碱性;该菌较耐高温,菌丝在 40℃~50℃ 时仍能生长。制种和栽培过程中,麦粒培养基以及含淀粉较多的培养料均易发生曲霉污染;采用发霉变质的原料配制培养基(料)、灭菌不彻底、培养基(料)含水量偏高、空气湿度大、耳场通风不良等,也是引起曲霉污染的主要原因。

3. 防治措施

第一，培养基（料）要新鲜、干燥，受潮发霉的不能用；培养基（料）灭菌要彻底；耳场要加强通风，增加光照，控制温度，造成不利于曲霉生长的环境。

第二，银耳菌种发现曲霉污染时，应立即废弃。

第三，栽培袋一旦发生曲霉侵染，首先隔离被污染袋，加强通风，降低空气湿度；侵染严重时，可喷洒 pH 值为 9～10 的石灰清水，或注射 70％甲基硫菌灵可湿性粉剂 500～1 000 倍液。幼耳发病时，可用 50％腐霉利可湿性粉剂 1 000 倍液喷洒杀灭；成耳期发病可提前采收。

（五）链 孢 霉

链孢霉，又名脉孢霉、串珠霉、红色链孢霉、红色面包霉等，其有性阶段属于真菌门，子囊菌亚门，子囊菌纲，粪壳菌目，粪壳霉科；无性阶段属于半知菌纲，丛梗孢目，球壳菌科，脉孢霉属。该菌能危害许多食用菌的菌丝体和子实体，是食用菌制种和栽培中常见的竞争性杂菌之一。在银耳栽培过程中，其危害也很大。由于其生活周期短，扩散蔓延快，一旦被污染将造成重大损失。

在银耳等食用菌的生产过程中，最常见的两种链孢霉是好食链孢霉和粗糙链孢霉。它们一般会形成成串的橘红色分生孢子，故常称之为"红色链孢霉"。但近年来，在南、北各地银耳等食用菌栽培的房（棚）中，又出现了一种"白色链孢霉"，且其发生越来越普遍。经研究，这种"白色链孢霉"也属于脉孢霉属的好食链孢霉，和"红色好食链孢霉"同为一属。它与"红色好食链孢霉"所适宜生长的 pH 值、湿度、温度均相同，可能是"红色好食链孢霉"的白色变种。

1. 危害症状　链孢霉常发生在接种后菌瓶（袋）的培养基或接种口上。菌丝前期白色，中期为浅红色、橘红色或白色，后期产生大量橘红色或白色的粉状孢子。在高温、高湿的梅雨季节极易发生,而且蔓延极快。在 25℃～30℃ 条件下,分生孢子 6 小时就可萌发,2 天后即可长满菌种瓶或栽培袋接种口四周。它主要抑制银耳菌丝生长,消耗培养基(料)的养分。被侵染的银耳菌袋,出耳率低,朵型小,产量低,品质差。

2. 发生条件　链孢霉在自然界中分布广泛,能生存于各种有机质上,其分生孢子在空气中到处飘浮。不洁净的环境或污染的栽培场所、培养基(料)灭菌不彻底、棉塞受潮、菌袋破漏、瓶口或袋口沾有培养料等都可引起感染。此杂菌喜高温、高湿条件;好氧,在缺氧条件下孢子不能形成。温度 15℃～36℃、培养基(料)含水量为 50%～70%、pH 值为 5～7(较偏酸)、通气好的环境条件极有利于该病菌生长繁殖和侵染。同时,研究还表明,链孢霉最易在高温干燥的季节形成孢子,以利于传播;而在高湿环境中孢子最易萌发,菌丝疯长。

3. 防治措施

第一,链孢霉多从棉籽壳、麦麸等原料中带入,因此选择原料时要新鲜,无霉变,并经烈日暴晒杀菌;塑料袋要认真检查,剔除有破裂与微孔的劣质袋;清除生产场所四周的废弃霉烂物;培养基(料)灭菌要彻底;接种时可用纱布蘸酒精擦袋面消毒,严格无菌操作;发菌室要干燥,防潮湿,防高温,防鼠咬;出耳期喷水防止过量,注意通风换气。同时,环境干燥时,特别要注意防止链孢霉孢子粉大规模传播;而环境潮湿时,就要设法控制其孢子萌发和菌丝体生长。

第二,银耳菌种感染链孢霉时,应立即废弃。具体处理方法:可用 0.1% 来苏儿溶液蘸湿纱布,轻轻包住菌种瓶口及棉塞,再将其送出室外埋掉或烧毁。

第三,由于链孢霉极易扩散,故发现银耳栽培袋被污染后,不要轻易触动污染物,也不要轻易喷药。对于污染较轻的菌袋,可先在污染部位撒一层生石灰粉,然后用针筒将煤油、柴油或 75％甲基硫菌灵可湿性粉剂 500 倍液注射到侵染部位,并用手按摩使油或药液渗透进料内,然后用胶布封针眼;或用生石灰粉撒在污染部位,再用 0.1‰高锰酸钾溶液浸纱布或报纸覆盖,置于低温条件下,抑制其生长,防止扩散。污染较重的菌袋,可参照被污染菌种的处理方法废弃掉。

(六)轮枝霉病

银耳轮枝霉病,又称僵缩病、干泡病、褐斑病、干腐病等。病原菌为半知菌亚门的轮枝霉,属于真菌门,半知菌亚门,丝孢纲,丝孢目,丛梗孢科,轮枝霉属。危害银耳的主要侵染种为菌生轮枝霉,还有菌褶轮枝霉、蘑菇轮枝霉等。僵缩病在银耳栽培老区及老耳房发生较为普遍,是危害较重的一种病害。该病发生后的病耳完全不能食用,经济损失很大。

1. 危害症状　银耳耳基受该菌侵染后,僵缩不长,颜色变成淡褐色或暗褐色。耳片皱缩不伸展,外形似一小块菜花;未受侵染的耳片仍可继续长大成片。无论是整个耳基发病或部分耳基发病,在潮湿条件下,病耳表面均可长出一层灰白色的霉状物,即为该病菌的分生孢子梗及分生孢子。

2. 发生条件　该病菌寄生在土壤中或有机物质上,一般靠分生孢子进行传播。其休眠菌丝可以存活相当长时间,是轮枝霉病的初侵染源。一旦发病,所形成的分生孢子常有极黏的黏液包着,可以黏附于与之相接触的任何物体上,并随这些媒体的携带将分生孢子扩散,造成再次侵染。银耳栽培时,喷水管理的工具或操作工具等均可以传播病菌孢子。此外,菌蝇、菌蚊、菌螨等害虫也可以传播病菌孢子。耳房(棚)高温、高湿条件下有利于病害的发生。

3. 防治措施

第一，选用优良菌种，保证菌种中的银耳菌丝和香灰菌丝的比例适当以及菌种具有较强的生活力；原料用前暴晒，培养料含水量不宜过高；及时防治害虫及螨类；子实体原基形成和生长阶段，控制耳场的温度、湿度在适宜的范围内；发菌期，穴口揭布前，用50%敌敌畏乳油1000倍液喷洒培养室杀菌。

第二，出现病情时，应停止喷水，加强通风，及时摘除病耳烧毁处理。幼耳阶段发生该病，可喷 pH 值为 8 的生石灰水上清液，或在摘除病耳后的部位涂抹70%甲基硫菌灵可湿性粉剂800倍液；成耳期发生此病，应提前采收，并用5%生石灰水将银耳浸泡漂洗后再加工干制。

（七）单端孢霉

单端孢霉，又名粉红单端孢霉、聚端孢霉、银耳红粉病等，属于真菌门，半知菌亚门，丝孢纲，丝孢目，丛梗孢科，单端孢属。该菌发生较普遍，但造成的损失小于链孢霉。单端孢霉和红色链孢霉均产生红色粉状物，在症状上二者的主要区别是：红色链孢霉形成的红粉多而成堆成团，颜色较深，粉状明显，生长速度快；而单端孢霉形成的红粉少，不成堆成团，颜色较淡，生长适应性差，长速较慢，菌落有局限性。受该菌危害后，银耳的菌丝不能生长。

1. 危害症状　银耳红粉病主要发生在未开片的耳基上，以春、夏之季发生较多，损失较大。银耳子实体受粉红单端孢霉侵染后，耳基僵缩不长，耳片不开展，呈萎缩状，失去光泽，表面长出一层粉红色粉状霉层，最后变色腐烂，不能再形成新的耳基。

2. 发生条件　单端孢霉广泛存在于自然界中的土壤、植物残体和其他有机质上。空气中飘浮有分生孢子，可以随风、水或培养料扩散传播。在培养基（料）灭菌不彻底、菌丝生活力较弱、菌种中香灰菌丝比例不当、耳场高温、高湿等情况下，有利于该病害发生。

3. 防治措施

第一，搞好培养室及栽培场所的清洁卫生；选用生活力强的优良菌种；培养基（料）灭菌要彻底；控制好发菌及出耳阶段的温、湿度，注意耳房（棚）通风换气。

第二，参考银耳轮枝霉病的防治措施。

（八）红酵母菌

红酵母菌，属于真菌门，子囊菌亚门，半子囊菌纲，酵母菌目，隐球酵母菌科，红酵母属。危害银耳的主要有淡红酵母菌或浅红酵母菌。由此病原菌引发的银耳病害，又被称为红银耳或红银耳病。

1. 危害症状　多发生于夏季高温季节和湿度偏大的耳房（棚）中，蔓延极快。患病的耳片及耳根变成浅红色，发病严重的红色加深。变红后的子实体不能继续长大，最后自行消解腐烂，发生流耳现象。当耳片腐烂后，耳根亦随之腐烂，其耳根不能形成新耳基，严重影响银耳产量。发生此病的地方，往往连作发生，对银耳生产造成较大损失。

2. 发生条件　此菌多生长在含糖量高又带酸性的环境里。水里、霉变的粮食和饲料中，以及潮湿的有机物上很容易找到。病菌可借助空气及水源等传播。培养基（料）灭菌不彻底，喷洒带有病菌的污染水，是该菌污染的最主要原因。其生长适温为25℃～30℃。耳场高温、高湿，通风不良，菌袋或段木表面较长时间保持湿润状态，均有利于此病发生，而且蔓延很快。

3. 防治措施　此病目前尚无有效药剂根治，故应以防为主。

第一，首先要选用优良抗病的菌种；由于此病能连年发生，所以栽培场地及用具要严格消毒；管理人员要勤换衣、勤洗手，勿让闲人进入培养室，以杜绝和减少感染机会；适当提前接种，避开出耳时 26℃以上高温,以减轻污染;用清洁不带病菌的水,每次喷水后要及时通风,且栽培室温度控制在 25℃以下;对尚未染病的菌袋喷洒 0.003％的土霉素或新洁尔灭,对病害的发生有一定抑制和预防效果。

第二,发病初期,要及时将病耳刮除后埋掉或烧毁。对染病部位喷洒 70％甲基硫菌灵 700 倍液,或每毫升含 100～200 单位的链霉素液。在耳房(棚)内用氨水消毒。

(九)杨梅霜菌

在银耳栽培过程中,也经常会发生杨梅霜菌污染。该病菌属于一种放线菌。在显微镜下观察,其孢子呈球形、白色,基内菌丝呈零星辐射状排列。该菌通常先感染银耳菌种,再通过银耳菌种感染栽培袋。银耳栽培袋一旦被该病菌感染,轻者减产,重者绝收。

1. 危害症状　采用感染该病菌的菌种接入栽培袋后,初期银耳菌丝表面上萌发生长正常,但到后期,被污染的银耳菌袋接种穴处不产生白毛团或少生白毛团,银耳菌丝和香灰菌丝死亡,而穴外香灰菌丝特别旺盛,接种穴呈现一层白色或灰白色的粉状物盖面,就像蜜饯杨梅表层的一层"白霜粉",故俗称"杨梅霜菌"、"杨梅霜病"、"恶性白霉菌"。用带有该病菌的菌种接种后,穴口均不现原基,从而导致栽培失败。该病菌有很浓的腥味,会以隐性状态寄生在香灰菌菌丝体中,故在银耳菌种培养阶段较难鉴定,只有严重感染时,才会在原种或栽培种的培养基表面形成零星的小白点。

2. 发生条件　杨梅霜菌菌丝生长适宜的温度为 15℃～45℃,最适 25℃～35℃;培养基含水量宜 18％以上,最适 30％～50％;通气不利其生长,高浓度二氧化碳能促进其生长;光照强度 5 000勒以上的强光不利其生长;pH 值 4.5～9 均能生长,最适 pH 值为5.5～7.5。该菌最喜寄生于香灰菌菌丝体中,也能寄生在金针菇菌丝体中。

在银耳三级菌种制作过程中,培养基(尤其是木屑原料)中带有该病菌却灭菌不彻底;或制种过程中的某一(或某些)环节疏忽;或在培养基料偏热的情况下接种(每年 8 月份是制种高峰期,一个高压灭菌锅,夜以继日轮作 4 次,菌种料瓶卸锅后,冷却时间太短,有的采用电风扇散热,从瓶壁看瓶温下降,但瓶中料温尚高),都容易造成该病菌感染。所以,在夏末秋初气温 25℃～30℃,制作银耳菌种时,发病率较高。

3. 防治措施

第一,控制制种条件。在配制原种和栽培种培养基时,将培养基水分控制在比标准含水量略低;原种和栽培种的发菌温度控制在 18℃～23℃;培养室尽量多通气。这样的条件既适合于银耳菌种生长,又不利于杨梅霜菌的生长。

第二,使用幼龄菌种。控制原种菌龄在 15～30 天,栽培种菌龄在 6～10 天,可减少杨梅霜菌的发生。因为幼龄菌种瓶内的二氧化碳浓度较低,不适于杨梅霜菌生长。

第三,银耳菌种提前 12 小时搅拌。为了避免杨梅霜菌污染,搅拌过的菌种不要超过 24 小时使用,否则瓶内二氧化碳浓度剧增,会使阴性的病菌激发呈阳性,从而发病,导致生产失败。

第四,药物防治。采用 S95-3 号药物,配成 50 微克/升的水溶液,作为菌种培养基的拌料用水,对杨梅霜菌防治率可达 99.9%。该药为福建省微生物研究所研究生产的一种抗生素,在高温下不失效,对银耳的副作用小。

(十)白　粉　病

又叫白腐病,病原菌为顶孢头孢霉,属于半知菌亚门真菌。其菌落白色,气生菌丝呈茸毛状,分生孢子梗从菌丝上垂直生出,孢梗基部膨大,无分枝,分生孢子呈圆球状。主要危害部位是幼耳或耳基。

1. 危害症状 感染的银耳子实体表面或耳基周围,密生一层白色粉状物,耳片停止生长,形成不透明的僵耳。病耳采收(或刮掉)后,新长出的耳片仍会出现白粉病的病菌,严重影响银耳的产量和品质。

2. 发生条件 耳房(棚)通风差、高湿、闷热,最易引起该病的大发生。尤其是在冬、春之季栽培,在通风不良的情况下实施室内加温,容易造成银耳缺氧和一氧化碳中毒,使其抵抗力减弱,而受感染发病。

3. 防治措施

第一,搞好环境卫生,加强耳房(棚)通风,降低空气湿度。

第二,发病后,幼耳可喷洒石硫合剂。成耳提前采收,并用利刀连根刮去。为防止耳基残留病菌,应涂 4%苯酚溶液,或用 75%百菌清可湿性粉剂 1 000 倍液喷雾 1 次,也可用 50%甲霜灵可湿性粉剂 1 000 倍液喷雾 1 次杀灭,或在傍晚日落之后用 15%腐霉利烟剂进行烟熏。

(十一)刚 毛 病

银耳刚毛病的病原菌为长喙壳科的真菌,其子囊壳刚毛状,散生或群生,基部生于耳片的表层,褐色至黑色球形。

1. 危害症状 常发生在培养料的表面。出耳前受害,在培养料表面产生淡褐色的粉状物,抑制菌丝生长和原基形成。出耳后被害,幼耳发黄、萎缩,最后腐烂;大耳片受害后,色泽差,泡松率低,品质下降。

2. 发生条件 银耳刚毛病的污染源主要来自于培养料,尤其是甘蔗渣等作物稿秆原料,带有此菌更多。高温、高湿、通风不良的环境下发病较重;水质不净也可带进;或周围环境不卫生,随风传播入耳房(棚)内。

3. 防治措施

第一，菌丝培养期防止高温危害，增氧诱耳后防止喷水过湿，注意耳房（棚）内通风换气。门窗安装纱网，缓冲风流传播。

第二，幼耳期发生时，可喷洒 pH 值 9～10 的石灰水上清液，整朵银耳表面及洞穴均喷湿，每天早、晚各 1 次。也可喷洒 75% 百菌清可湿性粉剂 1 500 倍液杀灭。

（十二）烂　耳

这是一种由螨虫、杂菌、细菌等病虫害引起或由于栽培管理不当而造成的病害。

1. 危害症状　幼耳烂根，结实不展片，稍动即脱落，耳基无菌丝或菌丝很少；培养料发黑、黏潮；成耳霉烂变成墨绿色或褐色，呈黏糊状。

2. 发生条件　烂耳多数由螨虫、线虫等传播造成；水中带有杂菌、细菌，培养料 pH 值不适宜，栽培过程中温度偏高或偏低，空间湿度过大，木霉等真菌侵染耳片，通风不良，耳房屋顶滴冷凝水等，也都可引发此病。

3. 防治措施

第一，在制种及栽培过程中严防螨虫、线虫危害。配制培养料，各步骤须环环相扣，防止酸变；料袋灭菌后要排稀散热；发菌培养防止超温。栽培温度控制在 23℃～25℃，保持空气新鲜；耳房屋顶宜半圆形或"人"字形，顶层银耳采用报纸盖面，防止受水滴霉烂；原基分化阶段，空气相对湿度控制在 85%～90%，防止黄水过多；长耳期喷水不要过湿。

第二，发现烂耳时，要及时摘除烂根幼耳，用锋利的小刀挖掉烂基，用 pH 值为 10 的生石灰水涂擦患处，再喷洒 70% 甲基硫菌灵可湿性粉剂 1 000 倍液控制。也可在烂耳处喷 1% 醋酸、50～100 毫克/升金霉素或 0.1% 碘液。对木霉引起的烂耳，及时用报纸包住,连同耳根一起拔出烧毁;受害处涂抹 50％福美双可湿性粉剂 1 500 倍液,并喷洒漂白粉 600 倍混悬液。

(十三)黑 蒂 病

该病主要是由于栽培管理不当而致,也可由头孢霉等病菌侵染而造成。

1. 危害症状 银耳成熟采收时,常发现蒂头烂黑或黑色斑点,影响商品外观和等级。

2. 发生条件 多为发菌阶段温度失控,菌丝难以新陈代谢,早春、秋末发菌低于 18℃,穴口会分泌白色晶体状黏液;夏初、秋初发菌高于 28℃,穴口会分泌大量黑色黏液。或者因割膜扩穴时间延误,菌丝生理成熟后严重缺氧,到扩口后虽也长耳,但耳基逐渐变黑。另外,幼耳阶段侵染头孢霉等病菌,也可致使基内形成黑色斑点病。

3. 防治措施

第一,发菌培养注意控温,气温超过 28℃应及时疏袋散热,夜间门窗全开,整夜通风;适时开口割膜扩穴增氧,促进菌丝正常新陈代谢;幼耳阶段喷水宜少宜勤,不宜过量,防止耳基旁积水,并注意通风换气。

第二,对黑蒂的成耳,采收后可用尖刀挖除烂黑头,切成小朵洗净,加工处理成小花银耳。

三、虫害防治

(一)螨 类

别名红蜘蛛、菌虱,属于节肢动物门,蛛形纲,蜱螨目。其种类很多,危害银耳的螨类主要有蒲螨和粉螨两种。

1. 形态特征　蒲螨体型很小,长圆形至椭圆形,肉眼不易发现,喜群体生活,成团成堆,危害时,似土黄色药粉状;粉螨体型较大,椭圆形或近圆形,色白发亮,不成团,数量多时呈白色面粉状(图 7-1)。

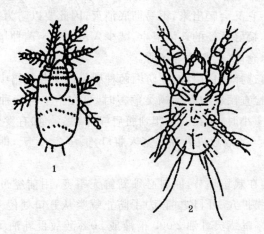

图 7-1　蒲螨和粉螨

1. 蒲螨背面　2. 粉螨腹面

2. 危害症状　螨类喜食银耳菌丝及耳根(基),是银耳栽培的主要虫害。在银耳菌种培养过程中,害螨可经棉塞等封口物缝隙侵入危害,使菌种块不萌发或萌发后菌丝稀疏暗淡,并逐渐萎缩消失;严重时可将菌丝全部吃光,使菌种报废。害螨若随菌种或其他途径进入菌袋(瓶)培养料,一般多潜藏于接种口内,以吞食银耳菌丝为生。严重时,料内菌丝也会被吃光,直至培养料发霉变臭。如果在出耳阶段发生螨害,会引起烂耳、黄耳,或耳片畸形,致使耳片大量脱落。

3. 发生条件　螨类喜温暖、潮湿的环境,常潜伏在麦麸、米糠、棉籽壳以及其他培养料上产卵,以真菌和植物残体等为食物,主要通过培养料、菌种和蝇类等带入银耳培养室。多年栽培的老耳房也是螨类的重要传染源。蒲螨和粉螨繁殖很快,在22℃条件下15天就可繁殖1代。

4. 防治措施 螨类难以根除。因螨虫小,又钻进培养料内,药效过后,它又会爬出来,不易彻底消灭,因此要以防为主。

第一,搞好耳场的环境卫生,减少入侵途径。菌种培养室要远离畜禽舍、仓库、饲料棚等场所。

第二,选择优良菌种,预防因菌种感染而引起栽培中螨类的大量发生。检查菌种中有无螨类危害时,可在中午将菌种放置于阳光下暴晒1小时,螨类就会爬到瓶肩或棉塞上。如有发生,可用棉塞蘸少量50%敌敌畏乳油并塞入瓶口,熏蒸2～3天,即可将螨虫杀死。

第三,在栽培环节,原料必须新鲜无霉变,用前经过暴晒。在接种穴割膜扩穴、开口之前,为了防止螨类从开口处侵入,可提前1天用20%哒螨灵乳油2 000倍液或50%敌敌畏乳油1 000倍液喷洒室内,然后把室温调节到20℃,关闭门窗,杀死螨类。而后再通风换气,排除农药的残余气味,实施扩口、开口。

第四,在子实体生长前期或发病特别严重时,可用菇净2 000倍液浸泡栽培袋(浸泡后及时捞出),或喷洒栽培袋进行防治。也可喷洒50%敌敌畏乳油800～1 500倍液,或80%敌百虫可湿性粉剂1 500倍液,或洗衣粉(25%十二烷基苯磺酸钠)500倍液等进行消灭。但应注意:农药前期施用比后期施用残留量低,所以"白毛团"期以后,禁止用敌敌畏等,以免"白毛团"萎缩或腐烂。

第五,除药剂防治外,采用诱杀法更好。此法适用于银耳发菌及出耳的任何阶段,特别是在产耳后期若出现螨害,这时不允许使用农药,故只有用诱杀法。常用的诱杀法如下。

①饼粉诱杀法 在螨类危害的菌袋上铺若干块湿纱布,其上撒一层刚炒香的菜籽饼粉(或豆饼粉、棉籽饼粉、花生饼粉、茶籽饼

粉等），待害螨聚集到纱布上取食时，将湿布连同害螨一道放入沸水中浸烫片刻，即可杀死害螨。将除螨后的纱布洗净，再按上法重复进行，可有效降低害螨数量。诱杀应从床架的顶层开始，自上而下逐层进行。

②糖醋液诱杀法　取糖 5 份、醋 5 份、水 90 份，配成糖醋液。用纱布浸入糖醋液中略拧干，铺在菌袋上，布上摊放少许炒黄发香并用糖水拌过的麦麸或米糠，待害螨群集其上时，及时收取放入沸水中浸烫，然后再重复进行。

③猪骨诱杀法　把猪骨头烤香后置于菌床各处，待害螨聚集骨头上时，将其置入沸水中烫死，骨头可重复使用。也可将鲜猪骨敲碎后加水熬煮几小时，滤骨取汤，向骨汤中加少许食糖，对水适量，以保持猪骨汤香味较浓为准。诱杀时，先把整理好的小把麦秸或稻草浸泡在汤液中，取出后，当草把不滴汤水时，再放置在菌床上，引诱害螨取食。每隔数小时收草把 1 次，收后放在沸水中浸烫，再重复进行。

若害螨危害较重，采用诱杀法也无法根除，则银耳子实体只有提前采收。

(二)线　虫

线虫，属于无脊椎的线虫动物门，线虫纲。是寄生或腐生于银耳培养料中，造成银耳病害的一类微小的低等动物。线虫除蛀食耳体外，还危害菌丝。常见的有堆肥滑刃线虫、三唇线虫、小杆线虫等，危害银耳的主要是小杆线虫。

1. 形态特征　线虫是一种粉红色的线状蠕虫，外观似蚯蚓，但体型极小，体长仅有 1 毫米左右，需在显微镜下观察。它在室内繁殖很快，幼虫经 2～3 天就能发育成熟，并可以再生幼虫，在 14℃～20℃时，3～5 天就可以完成 1 个生活周期(图 7-2)。

2. 危害症状　小杆线虫喜群集取食。危害银耳菌丝体时，会

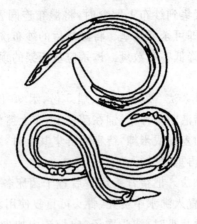

图 7-2　线　虫

使培养料逐渐腐烂,并发出一股腥臭味;危害子实体时,多群集于耳基部位,依靠头部快速而有力地搅动,使耳基或耳片断成碎片,然后进行吸吮和吞咽。受害的子实体,耳片呈鼻涕状,或边缘腐烂,造成流耳或烂耳。有时破坏耳根,使子实体失去生长能力,造成减产减收。线虫钻食处往往为其他病原菌入侵创造条件,从而可加重或诱发各种病害的发生。

3. **发生条件**　线虫喜在潮湿的环境中生活,其生存能力较强。侵入途径主要是培养料和水源。线虫活动时需要有水膜存在,在水中更活跃;无水时,线虫既不能危害银耳也不能活动繁殖,而是处于休眠状态。另外,线虫不耐高温,45℃时经 5 分钟,即可杀死休眠阶段的虫体。在培养料含水量偏高的条件下,有利于线虫的活动和危害。用不清洁的水喷雾是感染线虫的主要途径。在梅雨、闷湿、不通风的情况下,线虫可大量发生。

4. **防治措施**

第一,培养料灭菌要彻底,喷雾用水要清洁,培养室应事先消毒,栽培时菌袋喷水不宜过湿,经常通风并及时检查。如果水源不干净,可在水中加入硫酸铝(白矾)沉淀,再用沉淀后的净水喷洒。

第二,耳芽形成时发生线虫危害,可用 0.5%～1%生石灰水,或 1%～2%食盐水,或 25%米醋,或无线好(专治线虫的纯生物制剂)800～1 000 倍液,或 0.1%～0.2%碘化钾,或 0.01%左旋咪唑溶液,或 1%来苏儿+1%冰醋酸等喷杀害虫;耳房(棚)地面用生石灰粉撒施消毒,可抑制线虫的发生;被线虫严重危害的废料或病耳,要及时清出耳房(棚),经药剂喷杀处理,或经沸水、暴晒等高温处理后深埋,以防再度引发污染。

(三)菌 蚊

菌蚊,又名菇蚊、蕈蚊等,属于昆虫纲,双翅目。其种类较多,危害银耳的主要有小菌蚊、真菌瘿蚊、眼蕈蚊等。

1. 形态特征 菌蚊的品种不同,其形态亦有差别。现将小菌蚊、真菌瘿蚊、眼蕈蚊的形态特征介绍如下:小菌蚊成虫长 5～6 毫米,淡褐色,头深褐色;幼虫灰白色,长约 12 毫米;蛹乳白色,长约 6 毫米。真菌瘿蚊,又名嗜菇瘿蚊,成虫体长 0.8～1.2 毫米;成虫头部、胸部、背面深褐色,其他为灰褐色或橘红色。眼蕈蚊包括厉眼蕈蚊和迟眼蕈蚊等几个属,每属中又各分许多种,现以平菇厉眼蕈蚊为例:平菇厉眼蕈蚊的成虫体长约 4 毫米,暗褐色;幼虫头黑色,胸及腹部乳白色,无足,蛆形;蛹初化为乳白色,后渐变为淡黄色至褐色,长约 3 毫米(图 7-3)。

2. 危害症状 菌蚊成虫对银耳一般不直接造成危害,而主要是以幼虫危害银耳菌丝及子实体。菌蚊成虫常将卵产在料袋接种穴口等处,幼虫生出后,就集结于接种穴口,咬食银耳菌丝、芽孢,造成不出耳;在出耳阶段,幼虫则咬食幼耳,被害的幼耳发生霉烂甚至死亡。另外,菌蚊成虫还可携带螨类、线虫和病原菌出入耳房(棚),是银耳病虫害的传播媒介之一。

3. 发生条件 菌蚊广泛分布于自然界。霉变的秸秆、杂草,

211

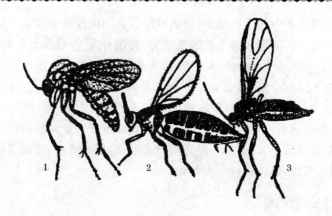

图7-3 菌 蚊

1. 小菌蚊 2. 真菌瘿蚊 3. 厉眼蕈蚊

腐烂的菜叶以及牲畜粪堆等腐殖质多的地方,易滋生这类害虫。成虫有趋光性,喜欢在电灯周围飞翔或于墙壁上停留。菌蚊的幼虫期为9～17天,幼虫喜欢在腐殖质丰富的潮湿环境中生活。袋栽发生时,多在袋的内壁爬行。

4. 防治措施

第一,栽培场地应远离垃圾场、粪场、腐烂物质等不洁场所,并搞好耳房(棚)内外的环境卫生,防止菌蚊就近滋生;连茬栽培时要及时清除废料,消灭虫源;耳房(棚)的门窗和通风孔要用纱网封好,阻止成虫飞入;网上定期喷洒除虫菊液,或5‰氟啶脲乳油2 000倍液等,阻杀飞入的菌蚊;房棚内安装黑光灯诱杀,或在房棚内灯光下放半脸盆0.1‰敌敌畏乳油,或用除虫菊熬成浓液涂粘于木板上,挂在灯光附近粘杀入侵菌蚊;也可点燃蚊香,或用卫生丸粉碎熏蒸杀灭;跟踪幼虫爬过的痕迹,进行人工捕捉也是一法。

第二,发现被害子实体,应及时采摘,并清除残留,涂刷生石灰水;菌蚊发生时尽量不用农药,迫不得已时,可使用低毒、低残留的农药,如5‰氟虫腈悬浮剂3 000倍液或5‰氟苯脲乳油2 000倍液喷杀。但必须先把报纸覆盖在菌袋上面,然后把药液喷在纸上;如果在成耳期发生虫害,不能喷农药,严重时只有提前采收。在出耳前或采耳后防治时,可用2.5%溴氰菊酯乳油2 000~4 000倍液喷雾,或用90%晶体敌百虫1 000倍液喷雾,也可用80%敌敌畏乳油1 000倍液喷雾,效果良好。

(四)菌 蝇

菌蝇,又名菇蝇、蚤蝇、粪蝇等,属于昆虫纲,双翅目。危害银耳的主要有蚤蝇科、果蝇科等科的菌蝇。

1. 形态特征 菌蝇的品种不同,形态也略有差异。下面以蚤蝇及黑腹果蝇的形态特征为例:蚤蝇的种类很多,其总体特征是体小,头小,复眼大,单眼小。幼虫体可见12节,体壁有小突起,后气门发达;蛹两端细,腹平而背面隆起,胸背有1对角。黑腹果蝇的特征:成虫黄褐色,复眼有红、白色变型。雄虫腹部末端钝而圆,颜色深;雌虫腹部末端尖,色浅、乳白色;幼虫乳白色,蛆形(图7-4)。

图7-4 菌 蝇
1. 蚤蝇 2. 果蝇

2. 危害症状 菌蝇成虫不直接危害银耳,但可产卵危害,并能携带各种病原菌和线虫、螨类进入耳房(棚)。菌蝇幼虫主要取食银耳菌丝、芽孢、原基和幼耳等。危害严重时,可将银耳菌丝全部吃光。耳体受害后会霉烂、干缩甚至死亡。

3. 发生条件 菌蝇多滋生在粪便、垃圾、腐烂瓜果及各种有机物残体上。耳房(棚)通风不良,湿度过大,烂耳不及时处理时,常造成蝇类成虫产卵繁殖。

4. 防治措施

第一,消灭越冬虫源,彻底清除耳场周围的腐败物质;搞好耳场卫生,经常用生石灰消毒;门窗装上 60 目的尼龙纱,门上挂粘胶板粘杀入侵蝇类;耳房(棚)内湿度不能过高。

第二,由于蝇类的发生期在 3 月下旬至 7 月上旬成虫达高峰期,因此在防治上应以杀灭成虫为主:子实体生长期,可将 20 瓦的黑光灯灯管,横向装在房棚内培养架顶层上方,在灯管的正下方约 30 厘米处放一个收集盘,内盛适量的 0.1% 敌百虫药液,诱杀成虫;用半夏、野大蒜、桃树叶和柏树叶捣烂,以 1:1 的比例加水浸渍,用浸液喷洒杀灭;也可用 50% 灭蝇胺粉剂 1 000～2 000 倍液,或 2.5% 溴氰菊酯乳油 2 000～4 000 倍液,或 5% 氟啶脲乳油 2 000～3 000 倍液等低毒无残留的药剂喷杀。

(五)跳 虫

跳虫,又名烟灰虫、弹尾虫、地蛆蚤等,属于节肢动物门,昆虫纲,弹尾目。常见的有 10 多种,对银耳危害较大的有黑角跳虫、紫跳虫等,噬食银耳菌丝体和子实体,致使菌丝和幼耳枯萎死亡。

1. 形态特征 跳虫是一种无翅的小昆虫,其颜色和个体大小因种类不同而异。通常若虫(即幼虫)为白色,成虫蓝黑色、蓝紫色或深灰色;体长 1～3 毫米。其口器为咀嚼式,体表散生有灰白色小点,长有棘毛或有其他色斑,具有油质,不怕水,可浮于水面运动,成堆密集时似烟灰(图7-5)。

图7-5　跳　虫

1. 黑角跳虫成虫　2. 紫跳虫成虫

2. 危害症状　跳虫危害银耳菌袋(瓶)时,一是咬食子实体,二是在培养料内取食菌丝,以咬食子实体为主。在咬食子实体时,多从伤口或耳基处侵入。危害严重时,能使幼耳生长停滞或耳体变形,把耳体咬得千疮百孔。阴暗潮湿的老耳房易发生跳虫,耳棚比耳房发生严重。如果菌种培养环境卫生很差,管理粗放,跳虫也能钻入菌种内吃食菌丝。跳虫不仅直接危害银耳菌丝和子实体,还能携带和传播病原物而引发其他多种病害。

3. 发生条件　跳虫喜欢潮湿阴暗的环境,平时生活在潮湿的草丛、枯枝落叶、垃圾、堆肥等处,可通过培养料、水和工具等途径进入耳场。其行动活泼,善跳。常群体危害,严重时可多至烟灰般一层。跳虫多发生在潮湿的老耳房(棚)。阴暗处、高湿及25℃条件下适宜其活动,1年可繁殖6～7代。耳房(棚)结构简陋,内外环境卫生差,跳虫也能直接跳跃进入耳房(棚)。跳虫一旦受惊,会迅速跳离,躲入潮湿阴暗的角落聚集成坨。

4. 防治措施

第一,跳虫是栽培场所过于潮湿、卫生条件欠佳的指示害虫,防治时应以防为主。搞好耳房(棚)内外的清洁卫生,防止过湿和积水,地面撒生石灰粉消毒;跳虫不耐高温,培养料灭菌彻底是消灭虫源的主要措施;用旧仓库作耳房时,可先用80%敌百虫可溶性粉剂500～1000倍液喷洒灭虫,并用浓石灰水粉刷墙壁。

第二，出耳前或采耳后（料面无子实体时），可对室内空间及菌袋喷洒 3%除虫菊酯乳油 500～800 倍液，或 90%晶体敌百虫 800～1 000 倍液等；子实体形成时发现虫害严重，可用 2.5%鱼藤酮乳油 300 倍液或 3%除虫菊酯乳油 1 000 倍液喷杀。喷药时，均应从房（棚）内四周向中间喷洒，以防止跳虫逃逸。另外，也可用 80%敌敌畏 1 000 倍液，或 90%敌百虫可溶性粉剂 800～1 000 倍液，或 2.5%鱼藤酮乳油 300 倍液，在其中加少量蜜糖诱杀，此法在银耳生长发育的任何阶段均可采用。也可在菌袋周围用小盆盛清水，诱使跳虫跳入水中，第二天再换水继续诱杀，可减少虫口密度。

（六）蛞 蝓

蛞蝓也称鼻涕虫、水蜓蚰、无壳蜒蚰、软蛭、黏黏虫等，属于软体动物门，腹足纲，柄眼目。常见的蛞蝓不只 1 种，有野蛞蝓、双线嗜黏液蛞蝓和黄蛞蝓 3 种。

1. 形态特征　野蛞蝓暗灰色、黄白色至灰红色，伸展时体长 30～40 毫米、宽 4～6 毫米，分泌无色黏液；双线嗜黏液蛞蝓具外套膜，全身灰白色或淡黄褐色，背有黑色斑点组成的纵带，伸展时体长 35～37 毫米、宽 6～7 毫米，分泌乳白色黏液；黄蛞蝓体裸露柔软，无外壳，深橙色或黄褐色，有零星的浅黄色或白色斑点，伸展时体长约 120 毫米、宽约 12 毫米，分泌淡黄色黏液（图 7-6）。

2. 危害症状　该虫主要咬食银耳子实体，特别是成熟的蛞蝓，食量大，能将耳体咬成缺口，常造成幼耳不能正常发育甚至死亡，成耳则残缺不全。经蛞蝓爬行过的银耳子实体，常留下白色发亮的黏质带痕，甚至有其排泄出的粪便，影响银耳的产量和品质。

3. 发生条件　蛞蝓昼伏夜出，喜湿喜暗。白天、晴天藏于阴暗潮湿的草丛、枯枝落叶、石块、砖头瓦块下，夜间（或阴雨天）出来活动觅食，为杂食性动物。1 年繁殖 1 代。卵可产于菌袋的接种

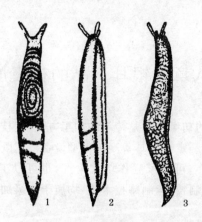

图 7-6　蛞　蝓
1. 野蛞蝓　2. 双线嗜黏液蛞蝓　3. 黄蛞蝓

穴内,每堆 10～20 粒。其活动适宜温度为 15℃～25℃,高过 26℃ 或低于 14℃,活动能力下降。

4. 防治措施

第一,搞好耳场周围的环境卫生,清除杂草、枯枝落叶及石块等,并撒一层生石灰粉;或用茶籽饼 1 千克,加清水 10 升浸泡过滤后,再加清水 100 升溶液进行喷洒,主要起预防作用。

第二,危害较轻时,可于夜间 8～12 时进行人工捕捉;若危害较重,可在傍晚用 1％食盐水或 5％来苏儿溶液喷洒蛞蝓活动场所,或在地面撒一层生石灰粉,每隔 3～5 天撒 1 次,都可有效控制蛞蝓的危害;也可用 6％蜗牛敌颗粒剂(四聚乙醛)按 1：25～30 的比例拌沙,撒于耳床周围或蛞蝓出没处。

第八章　银耳产品的初级加工

银耳产品的初级加工是传统的加工方法,其技术比较简单,操作比较方便,不一定要求具备高级大型设备。它既可以手工操作,也可以机械操作;可以家庭作坊式生产,也可以工厂化大规模生产,像银耳的干制技术、制罐技术等,均属于初级加工技术。

一、银耳的干制加工

干制加工亦称干制、干燥等,它是银耳加工中最常用的方法。银耳的干制法有自然干燥法和人工干燥法两种。自然干燥法,又叫晒干法,即利用阳光的热能以及自然风使新鲜银耳脱水干燥的方法;人工干燥法,又叫烘干法等,即利用炭火、蒸汽、微波、远红外线等人工热源(能源),在烘干房、烘干机等设施(设备)中,将新鲜银耳脱水干燥的方法。自然干燥成本低,晒制的银耳,色泽白中微黄,朵型美观;人工干燥速度快,效率高,干制的银耳色泽金黄或白中微黄,质量上一般要优于自然干燥的产品,尤其是采用远红外线干燥等新技术干燥的银耳,质量更优。不管采用哪种干燥方法,都要做到当天采收,当天干燥。

目前,市场货架上的银耳干品,按其形态可分为:整朵银耳、小朵型银耳、片状剪花银耳等。整朵银耳,其商品名称又分为冰花银耳和干整银耳两种。冰花银耳是鲜耳削除耳基,经清洗、干燥后,保留自然色泽,朵型疏松的商品;而干整银耳,又称普通银耳,是鲜耳去掉耳基杂物,清洗干燥后的商品。小朵型和片状剪花银耳,其商品名称又叫雪花银耳,俗称小花银耳、剪花雪耳、散花银耳等。

它是将鲜耳削除耳基,剪切成小朵型或连片的散花银耳,经过清洗、干燥后,保持自然色泽,耳片疏松的商品。以上几种商品形态,自然干燥(晒干)的银耳多以整朵银耳的面貌出现,而人工干燥(多采用烘干)的银耳,则各种商品形态都有。

另需说明的是,上述银耳干品的分类方法,与第十章中所介绍的 NY/T 834—2004《国家农业行业标准 银耳》中对于银耳干品分类的方法有一些小的差别,但两种分类方法的实质是一样的,只是在叙述上稍有差别。

在晴天或者是银耳产量较少时,通常采用自然干燥法。但由于银耳收获期较短,采收时又多遇阴雨季节,所以在阴雨天或银耳产量较大时,还是应该采用人工干燥的方法。人工干燥有常规的土法干燥、烘干房干燥、烘干机干燥以及更先进的远红外线干燥、真空冷冻干燥、微波真空干燥、热风—微波真空联合干燥等多种形式。

银耳生产普遍的地区和专业性的厂(场),应建造烘干房进行干燥(烘干),或用烘干机干燥(烘干),或采用新型的远红外线干燥(烘干)、热风—微波真空联合干燥等干燥形式。目前来看,银耳的干燥还是以烘干房干燥、烘干机(即热风干燥机)干燥等作为主要干燥手段,但更先进的远红外线干燥等新型干燥技术是一个发展方向。

同时,在银耳主产区,更提倡形成一系列的大中小型银耳干燥加工厂,以有效解决银耳产后的干燥加工问题,这是实现银耳产业化经营的一个十分重要的环节。有的干燥加工厂还免费给耳农存放干燥后的干银耳,并免费帮助耳农联系收购商,既避免了干银耳因频繁搬运而造成的碎裂,减少了耳农和收购商来回运输造成的损失、损耗,及时沟通了买卖双方,也为干燥加工厂招来更多的生意。其他银耳主产区也可以参考此法。

另外,有人为了使银耳洁白,或者出于以次充好等目的,采用硫磺熏蒸银耳。这样,虽能使银耳色泽变得好看,但却严重危害消费者的身体健康,而且是法律绝不允许的,故应严格禁止。

根据一般情况,现仅将银耳的自然干燥、土法干燥、整朵银耳热风干燥、雪花银耳热风干燥这几种干燥方法分别做一简介。

(一)自然干燥

晒耳之前,应先制备晒帘。常用竹篾或芦苇片等编成长 2 米、宽 90 厘米等规格的晒帘。晒场必须选在屋顶或房前屋后四周没有泥沙等杂物的场地,以防止风沙飞扬,灰尘染耳。选择晴天上午,将当天采收的银耳修剪干净,用清水漂洗 2～3 遍,除尽杂物。然后按照其自然长势,朵花朝天,蒂头(即基部)向下,一朵一朵地排放于晒帘上,不可重叠,在阳光下暴晒(晒帘下面最好垫高,以利于通风)。白天出晒,晚上连同晒帘一起收回,排放于通风处或多层排放于帘架上,散热晾风,不可收拢重叠,以免银耳变形、发霉。经过 2～3 天的正面暴晒,待耳花收缩、呈半干状态时,可把银耳一朵一朵地翻起,蒂头朝上(俗称"翻耳"),暴晒至干。天气好时,通常经过 4～6 天的暴晒,即可晒至足干。当晒至手指按压不下时,即可收藏。一般 10 千克的鲜耳,可晒成干耳 1.5～2 千克。

(二)土法干燥

民间还常采用土法干燥(烘干),一般有以下两种形式。

第一,利用普通住房,在室内配备两列多层木架,中间通风。把银耳连同竹帘一起逐层排放在架上,四周用塑料薄膜围住。架下生火盆,用炭火或煤炉均可。用鼓风机将热风吹散,促使银耳干燥。

第二,采用炭烘法,在有些山区较常见。即用 3 根竹制签条,上面擦少许植物油,以便于烘干后下签,然后将鲜耳穿上。穿耳后,将竹签两头放在火槽两端的铁架上烘烤。火力以手背放在竹签上,感觉不烫为准,即 50℃～60℃。烘时不能用明火,常用木炭燃着后,覆盖一层草木灰。一面烘干后再烘另一面。待两面和中间都烘干时,稍等回润,再取下签来,天晴时再置于阳光下晒干。

(三)整朵银耳热风干燥

热风干燥的原理是利用循环热风,使放置在烘干房或烘干机内烘干筛上的新鲜银耳,被热空气包围,最大限度地使银耳与热气流接触,促使银耳所含的水分蒸发,并通过热风流动,及时把水分带出烘干房(机)外,使银耳快速脱水干燥。采用烘干房(机),对整朵银耳进行热风干燥的工艺如下。

1. 削基浸洗 将采收后的银耳,用利刀削去耳基,挖净残物。然后放入清水池浸泡 40～60 分钟,让耳片吸饱水分,并进行清洗。浸洗的目的,是清除黏附在耳片上的杂物,使耳片晶莹、透亮;同时,让子实体膨松、耳花舒展,这样加工后外观美,商品性状好。清洗时,要尽量将鲜耳表面一层黏滑的胶质洗净,因为在烘烤时,这层胶质会影响耳表水分的蒸发。

2. 装筛上架 将浸泡洗净的银耳,沥去水后(最好用纱布吸干耳表水分,以便加快干燥速度),耳花朝上,一朵朵、单层地排放于烘干筛上。现有的烘干筛,多用竹篾编织而成,筛长、宽为 100厘米×80 厘米,筛孔 1 厘米×1 厘米。机械设备一般采用热交换器,四周砌砖而成的脱水烘干灶,其两旁的干燥房内各 12～15 层,可排放耳筛 24～30 个。排放银耳鲜品量,小型干燥房 1 次可加工鲜耳 200～300 千克。排放时,朵与朵之间不宜紧靠,以免烘干后互相粘连,影响朵型美观。

3. 脱水干燥 采用热风干燥,应控制好干燥温度、干燥室排气这两个主要条件,并及时翻耳,适时调换筛盘层次,才能使烘干的银耳色泽美观。

在银耳干燥温度的控制方面,现在常采用"直线温度干燥法",即干燥温度是直线升高和最后恒定的:由起烘初温开始,逐步上升至 50℃～60℃,并保持恒定,直至银耳干燥。采用此法时,首先打开排气窗。放入银耳后,立即燃烧旺火,加大火力,使干燥房(机)内尽快上温;同时,开动排气扇,加速气流循环,使水蒸气随气流从排气窗向外排出。由于浸泡后的银耳水分饱满,入房(机)后湿度较大,通常需要 4 小时以上,干燥房(机)内的温度才能达到 50℃~60℃,然后保持这样的温度,逐次完成干燥。

采用"直线温度干燥法"时,多采取银耳轮换更替进出的干燥方式,并适时翻耳:由于烘干房(机)内受热程度不同,烘干筛上、中、下层银耳干燥程度也不一样,因此当第一炉经过 5~6 小时烘干后,在下层约占整个烘干容量 1/3 的烘干筛银耳已干燥。此时,应开门把下层部分烘干筛取出,把中、上层烘干筛逐层依序向下调整,并随手把筛上的银耳翻一面,以加快整朵干燥。同时,把排好待烘的鲜银耳,逐筛装入上层架内,关门继续以 50℃~60℃再烘干 2 小时后,其底层部分银耳又已干燥,即可取出。依此方法,每 2 小时烘干一批,逐层干耳退、鲜耳进,轮换更替,直至把整批鲜耳烘干为止。

干品的折率:鲜银耳的含水量较高,一般都在 70%~80%,经过浸泡后,其含水量更是超过 90%,所以烘干后的湿干比率一般为 10:1 左右,即 10 千克浸洗后的湿耳,可烘成干品 1 千克左右。

(四)雪花银耳热风干燥

将整朵鲜耳,剪切成小朵型或连片状的散花,清洗干净,再干燥而成的干品,就叫"雪花银耳"。其中,小朵型的又叫"小花银耳",简称"小花";连片状的又叫"散花银耳",简称"散花"。雪花银耳色泽白中微黄,透明,外形美观。由于食用部分多,外观诱人,所以在市场上很受欢迎。雪花银耳的加工方法与整朵银耳的加工方法有所不同,现简介如下。

1. 选耳修剪 加工雪花银耳,宜选择耳花疏松、片厚的为好。将选好的鲜耳,挖去黄色硬质的耳基,用铁丝扎成一束,用工具在耳基处稍插一下,整朵银耳就裂开成 5～6 小朵,再用清水漂洗干净。

2. 排筛上架　干燥小花银耳时,可将修剪洗净的小花银耳均匀地排放于烘干筛上;干燥散花银耳时,则宜采用白色蚊帐布制成袋子,袋口装拉链条,把散花片装入袋内后,再摊平摆放于烘干筛上。

3. 脱水烘干　小花或散花,均要摊铺稀薄,脱水烘干温度在50℃～60℃,夏季 1 小时,冬季 1.5～2 小时,即可干燥完毕。干品出烘方法,同整朵银耳烘干一样,采取轮换更替的方法。

雪花银耳的湿干比为一般为 13：1,即 13 千克浸洗后的湿耳,可烘成干品 1 千克。

(五)银耳干品的包装贮藏

银耳干品的包装贮藏,应严格执行《中华人民共和国食品卫生法》有关规定。

银耳干品含有丰富的蛋白质和糖类等,极易回潮,且又易碎,因此,无论是自然干燥还是人工干燥,都要在干燥、冷凉、略微回软后,及时分级包装,并妥善贮藏。包装容器可用无毒塑料袋、白铁罐等,也可存放于衬有塑料袋的纸箱内。包装时,要检查所用的包装物是否干净和干燥,有无破损、害虫和异味等。

干品要专仓保管,宜设于干燥的楼上,并严禁与有毒、有害、有异味、易污染的物品混藏。阴雨天应密闭门窗,并做好防鼠、防虫、防霉工作;禁止在库内吸烟和随地吐痰,严禁使用化学合成杀虫剂、防鼠剂和防霉剂,确保银耳产品贮藏期安全卫生。贮藏时间久了,要选晴天进行翻晒。银耳干品角质脆硬,容易破碎,因此翻晒时均要轻拿轻放,不宜堆叠过高,以免压碎而影响品质。

(六)出口银耳干品的分拣和装箱

1. 分拣　银耳干品出口前,必须进行分等分级挑拣。按照朵型大小、耳花疏松、色泽白黄,分为精选和统货两种。分拣时,剔除烂耳、焦耳、黑蒂和异色等。剪花雪耳,应剪去蒂头硬质和黄色的部分。各类产品均要筛去碎粉,即成正品。分拣场内及分拣场的周围环境,均要求清洁卫生,工作人员要戴口罩。

2. 装箱 出口银耳干品的包装箱,纸质和包装材料必须达到 GB 11680—1989《食品包装用原纸卫生标准》规定的要求。外用双卡牛皮纸制成的瓦楞式夹心纸箱。规格:中箱 66 厘米×44 厘米×57 厘米(长×宽×高),每箱装整朵银耳 9 千克,或装雪花银耳 8 千克;小箱 48 厘米×38 厘米×38 厘米(长×宽×高),每箱装整朵银耳 4 千克。雪花银耳常用白色透明的聚丙烯塑料袋小包装,每袋装量 1 千克。包装箱内衬塑料袋,每箱装 8 袋(包),扎好袋口防潮。箱口用透明胶纸粘封,外扣两道编织带。包装标签应符合 GB 7718—2011《食品安全国家标准 预包装食品标签通则》的要求。大型出口集装箱外部规格为 12.19 米×2.44 米×2.59 米(长×宽×高),每箱可装中箱 400 箱或小箱 950 箱;中型出口集装箱外部规格为 6.06 米×2.44 米×2.59 米(长×宽×高),每箱可装中箱 190 箱或小箱 460 箱。在运输过程中,要防止雨淋、重压,确保产品质量完好。包装运输的图示标志,要符合 GB/T 191—2008《包装储运图示标志》的有关规定。

二、银耳罐头的加工

(一)普通银耳罐头的加工

1. 选料处理 以鲜耳为原料时,应选用色白、无虫害、无病斑和无霉烂的整朵鲜银耳,剪去耳蒂,将耳朵分成小朵片,然后漂洗除去杂质,沥去水分后,再加水用中火煮沸 30 分钟左右,捞出沥去水分,摊凉待用。以干耳为原料时,可选用朵大、片厚、色白或米黄色、没经硫磺熏蒸过的干耳,在清水中浸泡2～4小时,充分泡发后,漂洗除去杂质,捞出沥干,剪去耳蒂,切成适当的小朵片,备用。

2. 装瓶加汤　银耳罐头一般选用旋转式玻璃瓶灌装。装瓶前,先对玻璃瓶、瓶盖和胶圈进行处理。即将空瓶在温水中洗净,再用70℃左右的热水冲洗。然后装进1/5体积的热水到瓶中保温,以防注入汤汁时炸瓶。将瓶盖打上或印上代号,可按厂代号、年、月、日、班、产品号顺序,字迹应清晰可见。将胶圈煮沸1～2小时,然后嵌在瓶盖中再煮数分钟后备用。准备工作就绪后,将前面处理好的银耳朵片,按标准要求及时装进玻璃瓶,然后注入75℃～80℃的热糖液。糖液配法:100升清水,加25千克蔗糖,加热溶解,再加5克柠檬酸,当糖液微沸时,用8层纱布滤去杂质后使用。

3. 封口灭菌　通常采用加热排气法。将瓶子放在排气笼内加温,当瓶中心温度达到80℃以上,汤汁涨至瓶口、空气基本排尽时,迅速趁热封口。手工封口时用力将盖拧紧;用真空封口机封口,应将瓶内抽到真空度为46.6～55.3千帕时封口。玻璃瓶封口后,放进高压灭菌锅中,在126℃左右灭菌20～30分钟,具体时间因罐瓶大小而定。罐瓶大的灭菌时间长,罐瓶小的灭菌时间短。也可先将嵌好胶圈的旋盖打在瓶口上,并不拧紧,放入常压灭菌器内,当温度达到100℃时,保持30分钟,趁热垫湿毛巾将旋盖拧紧,再在沸水中煮20分钟。

4. 冷却检验　罐头灭菌结束后,将其放在室温下冷却至60℃。然后再放在冷水中继续冷却,使其加快降温到40℃时,用布擦干瓶子,放在35℃～37℃的温室中培养5～7天,检查有无胖听(又叫胖罐)或瓶内液汁是否浑浊;如有浑浊,表明质量不合标准,应该剔除。然后将合格的罐瓶贴上标签,即可进库存放。

5. 产品卫生标准　普通银耳罐头,以及其他所有类型银耳罐头的卫生标准,均应按照 GB 7098—2003《食用菌罐头卫生标准》

执行。

(二)银耳酥梨罐头的加工

1. 主要原、辅料

银耳:呈饱满牡丹花形、花瓣形或鸡冠形,淡黄色,无霉变和虫蛀;绝对不可使用经硫磺熏蒸过的银耳。

砀山酥梨:个大优质,无虫害和机械伤。

冰糖:色洁白,半透明,含蔗糖 99.7%以上。

柠檬酸:颗粒均匀松散,色洁白,含柠檬酸 99%以上。

2. 银耳预处理 将优质干银耳浸泡在约 30℃的温水中 4~6小时,中间要换水 1~2 次;泡发后剪去耳蒂,撕成小块,用流动清水洗净,沥干备用。

3. 酥梨预处理 挑选个大优质的砀山酥梨,去皮后,纵切成两半,挖去籽及蒂筋,修除斑点及机械伤,然后根据梨的大小对开或四开。酥梨在去皮、切块等预处理过程中,为防止褐变,要及时浸没在 1%~2%的食盐水中护色。去皮、切块后的酥梨,用夹层不锈钢锅预煮,预煮水中要添加 0.2%的柠檬酸,沸水下料,在98℃~99℃条件下煮 3~5 分钟,以煮透而不烂为准。

4. 配备汤汁 根据银耳和酥梨可溶性固形物的含量进行配汤,并添加 0.15%的柠檬酸。

5. 分选装罐 按块形、色泽进行分选,以银耳与酥梨 1∶3 的比例称量装罐,即浸泡、沥干后的银耳块占固体重的 25%,酥梨占固体重的 75%。装罐时,要将两者混合均匀,汤液与罐盖间留 7毫米左右的间隙。

6. 排气密封 采用热力排气密封罐盖时,中心温度要在 75℃以上。采用抽气真空密封时,真空度应在 52~58.5 千帕。

7. 杀菌、冷却 净重 510 克罐,杀菌(灭菌)公式:5 分钟—30分钟—10 分钟/100℃(注:此杀菌公式的含义是:5 分钟从罐头初温升到 100℃,保持 100℃ 30 分钟进行杀菌,关闭热源,通入冷却水,分段冷却,10 分钟达到 38℃ 左右。对于铁听或铝听罐头,冷却时间 5～10 分钟均宜,但对于玻璃瓶罐头,冷却时间多要超过 10 分钟,以免玻璃瓶破裂。上述杀菌公式又常简化表示为:5 分钟—30 分钟—10 分钟/100℃。以下各类杀菌公式的道理类同);净重 425 克罐,杀菌公式:5 分钟—25 分钟—5 分钟/100℃。杀菌后分段冷却至 38℃ 左右。

8. 恒温检验　杀菌后,用纱布擦净罐表的水珠和水迹,堆码在洁净的房间或仓库内,于 35℃ 下恒温培养。1 周后进行检验,拣出不合格产品,合格者方可贴商标、装瓦楞纸箱或纸板箱,用胶带纸密封箱口,外贴标签,即为成品。

9. 产品质量标准

(1)感官指标

①色泽　银耳光洁透明,酥梨呈白色,糖水清澈透明。

②组织形态　梨块软硬适度,食之无粗糙感觉,大小一致,无斑点;银耳充分膨胀,形态完整,无黄蒂。

③味道及香气　具有银耳酥梨罐头应有的风味和香气,无异味。

④杂质　不允许存在。

(2)理化指标

①含有银耳和酥梨应有的营养成分。

②含糖量(以折光计)12%～16%。

③净重因罐型不同有 510 克和 425 克两种,允许公差为±3 克,但每批平均净重不得低于净重标准。

④固形物不得低于 55%。

(3)微生物指标　应符合罐头食品商业无菌的规定。

(4)其他指标　凡是以上没有提到的指标要求,均应按照 GB 7098—2003《食用菌罐头卫生标准》的规定执行。

（三）银耳玉枣罐头的加工

1. 原料选择 银耳选泽乳白或嫩黄色、无病虫斑、未经硫磺熏蒸过的优质干品。红枣选肉厚、皮薄、核小、无病斑、无虫蛀、无霉变的上等品。

2. 银耳处理 将干银耳置清水中浸泡 2～3 小时，去蒂后用清水洗净，捞出置不锈钢锅中，加入 0.1％的柠檬酸溶液煮 10～15 分钟，使其进一步涨发。

3. 红枣处理 将红枣鲜品置于 8％～9％氢氧化钠溶液中煮沸约 2 分钟，用竹笊篱轻触红枣能脱皮时捞出，用清水冲洗，经筛脱去枣皮即为玉枣，再用清水冲净果皮表面残留的碱液，沥去余水，经去核器除去枣核，并用清水漂洗干净。

4. 预煮枣果 将处理过的枣果放入 0.1％～0.15％的柠檬酸溶液中加热至 95℃～98℃，煮 3～5 分钟，至组织呈半透明状、韧而不烂时捞出冷却，并快速装罐，以防褐变。

5. 调配装罐 用容量为 500 毫升的玻璃广口瓶，装枣果 250 克和处理好的银耳 30 克，再加入 25％～30％白糖水 220 克（糖液中柠檬酸含量为 0.1％～0.2％，要经 4 层纱布过滤去杂）。

6. 排气密封 用真空度 53.3 千帕的真空封罐机密封罐盖，密封后罐内具有 25.7～33.4 千帕的真空度。也可在 90℃的排气箱中保持 10～15 分钟，当罐中心温度达 75℃以上时，迅速密封罐盖。

7. 杀菌、冷却 罐盖密封后应立即杀菌。杀菌公式为 5 分钟—15 分钟—15 分钟/100℃，分段冷却至 33℃以下，随即用纱布擦净罐表的水珠及污迹，瓶盖上涂防锈油，即可入库。

8. 检验、装箱 杀菌后，入库在 35℃下放置 5～7 天，经质检罐头无涨盖、无浑浊等异常者，即可贴商标、装瓦楞纸箱或纸板箱，用胶带纸密封箱口，即为成品。

9. 产品质量标准

（1）感官指标　银耳朵型完整，乳白或嫩黄色，无蒂，无碎屑；枣果外观完整，大小均匀，软硬适度，呈黄色或浅黄色；糖水清澈透明；具银耳、枣果应有的滋味和香气，无异味。

（2）理化指标　具有银耳、枣果固有的营养成分。含糖量（以折光计）14%～18%。

（3）微生物指标　应符合罐头食品商业无菌的规定。

（4）其他指标　凡是以上没有提到的指标要求，均应按照 GB 7098—2003《食用菌罐头卫生标准》的规定执行。

（四）银耳莲枣罐头的加工

1. 空罐准备　选瓶口平正、瓶壁厚薄均匀的 300 毫升四旋玻璃瓶，先用 45℃左右的温水（必要时可在温水中加入合成洗涤剂）浸泡清洗 5～10 分钟，再用清水冲洗干净，倒置沥干后备用。

2. 原料预处理

（1）银耳　选自然色泽（未经任何药物熏蒸）、复水性好的优质干银耳，用量按每 100 罐 600～800 克干银耳备料，提前浸泡 4～6 小时，泡发后剪去耳蒂，掐碎，洗净，沥干备用。

（2）红枣　粒选优质的小粒红枣干品，按每 100 罐 8 千克干红枣备料，用温水浸泡 3～5 小时，泡发后用清水淘洗，沥干备用。

（3）莲子　选无霉变、无虫蛀的优质捅心莲干品，按每 100 罐 800 克干莲子备料。粒选后洗净，在热水中浸泡 4～5 小时，泡发后沥干备用。

3. 糖液制备　糖液的含糖量 16.6%～20%，含柠檬酸 0.1%～0.15%。冰糖或白砂糖均可，按 100 罐用 25 升糖液备料。用沸水配制，经 4 层纱布过滤去杂，水浴保温备用。

4. 装罐封口　每罐装经过预处理的湿银耳 80 克、湿红枣 80 克、湿莲子 8 克，加糖液至离罐口 8～10 毫米处，排气封口。采用加热排气封口时,罐中心温度要达到75℃～85℃;采用真空封口时,真空封罐机应保持50千帕的真空度。

5. 杀菌、冷却　有专用设备的工厂,可按杀菌公式5分钟—55分钟—反压冷却/105℃进行操作。个体家庭小批量生产,可用压力锅保压30分钟或常压100℃水煮杀菌60分钟。杀菌后的冷却方法:工厂采用反压冷却,可使罐温迅速降至40℃;家庭制罐可采用分段冷却法或自然冷却法,使罐温缓慢降至室温。

6. 擦罐、质检　擦罐可用纱布擦去罐身表面的水珠和污迹,也可利用余热干燥罐头表面水分。入库罐头在34℃左右条件下保温堆放,5天后要逐瓶检查,并抽样送化验室进行质检,合格后方可贴商标、装纸板箱,即为成品。

7. 产品质量标准

(1)感官指标　银耳具自然白或乳白色,朵型完整,无蒂、无碎屑;莲子乳白色,颗粒完整,质酥而不糊;枣果大小一致,丰满,带皮呈深红色;汤汁较清澈;具有银耳、莲子、红枣应有的滋味和香气,无异味,无杂质。

(2)理化指标　具有银耳、莲子、红枣应有的营养成分。含糖量(以折光计)16%～20%。

(3)微生物指标　应符合罐头食品商业无菌的规定。

(4)其他指标　凡是以上没有提到的指标要求,均应按照GB 7098—2003《食用菌罐头卫生标准》的规定执行。

第九章　银耳产品的精深加工

精深加工又称为精细加工、深度加工、深加工等，它是在初级加工的基础上发展起来的。经过精深加工的银耳产品，有的还保留有原来的外貌，如银耳压缩块等产品；有的则失去了原来的面貌，故有很多产品，人们已不可能从外貌来确认是银耳，如银耳多糖、银耳美容护肤品等。

一、银耳压缩块生产工艺

食用菌的压缩块生产工艺，是现代干制加工中的一项新技术。采用这项新技术，不加任何添加剂，就可使银耳、木耳、平菇等食用菌干品的体积缩小 4～10 倍，并可保持食用菌原有的营养成分，产品复水后色、香、味、形不变。由于压缩后的产品体积大大缩小，故运输、贮存、食用十分方便，并可长期贮存不霉变；节省运费，无损耗，加上精美的包装，可进一步提高商品价值。有效避免了传统银耳干品由于体积蓬松，在流通和运输过程中极易破碎或发生变质等缺陷。现将银耳压缩块的生产工艺介绍如下。

(一)原料选用

选择优质的银耳干品，绝不可采用经硫磺等药物熏蒸过的银耳。加工前再进一步认真挑选，剔除杂质以及虫蛀、变色、变质、破碎的原料。

（二）高温灭菌

挑选好的原料，最好先经高温灭菌，这样可以更好地保证产品长期贮存不霉变。

（三）回潮软化

原料压缩前，要通过喷洒少量纯净水，或采用蒸汽湿润法，使银耳干品返潮，以便于压缩时不破碎、成型好。由于原料的含水率不同，故要灵活掌握用水量，回潮后的银耳含水率以控制在14%～16%为宜，这样的含水率，在后续"压缩成型工序"时，破坏率较低。在采用喷水法时，喷水要均匀，边喷水边翻动，喷水后要堆闷片刻，使其吸水回潮均匀一致。

（四）装模压缩

然后采用专用压缩成型设备，根据加工原料的品种和含水率的大小，确定其压强和保压时间。对于银耳干品来讲，其压缩倍数在5～10，即压缩后的体积减小至原来体积的1/5～1/10时停止施力，保压一段时间；通常以压缩倍数为10较为适宜。压缩前，银耳含水量宜在14%～16%，压缩的压强宜在2～4牛/米²。

压缩成型的方式一般有两种。第一种是短时压缩成型：即保压时间在4～10秒；第二种是长时压缩成型：即保压时间在4～7小时。具体的保压时间，与银耳含水量、压强、压缩倍数等条件有关。例如，在银耳含水量为14%～16%、压强2～4牛/米²、压缩倍数为5的条件下，短时压缩的保压时间在4～6秒；而在银耳含水量为14%～16%、压强2～4牛/米²、压缩倍数为10的条件下，长时压缩的保压时间为6～7小时。

至于压缩的规格，在压缩倍数为5时，一块三边规格为6厘米×4厘米×1厘米（长×宽×高）的银耳压缩块，块重为25克；

而在压缩倍数为 10 时,一块三边规格为 6 厘米×4 厘米×1 厘米(长×宽×高)的银耳压缩块,块重则为 50 克。

在此道工序还要注意:要根据成品块重标准和回潮软化后原料的含水率,计算出投料量,称重时一定要准确无误,确保成品重量误差不超过标准。同时,往模具内投放银耳数量要均匀,以免成型后缺边少角,影响产品完整和感官标准。

(五)固形干燥

压缩成型后,就是固形干燥。对于采用短时压缩成型的,由于成型后的压缩块极易反弹,可用铁件制成的固形夹将其夹紧后送入热风干燥室,温度控制在 40℃～47℃保持 4～10 小时(温度越低,时间越长)。例如,前述规格的压缩块,采用 5 倍短时压缩成型后,要在 40℃保持 10 小时,干燥后即可保证形状不变,此时可松开散放在干燥筛上略微干燥,即为成品。而对于采用长时压缩成型的,因为银耳已经固形,所以就不需要再用固形夹了,直接将压缩块送入热风干燥室干燥即可,干燥时间与前类似。例如,前述规格的压缩块,采用 10 倍长时压缩成型后,在 47℃保持 4 小时,即可干燥为成品。

(六)包装入库

选块形完整、表面光亮的压缩块,先用无毒塑料膜包装,再装入精美的小纸盒。一般每 5～10 小块为一盒包装,中包装后再用热收缩膜包装。经包装后可有效防潮和防杂菌。最后装入瓦楞纸箱,每箱净重 10 千克,用胶带密封箱口,即可入库。

(七)产品质量标准

压缩品应具有银耳干品应有的色泽、香气与滋味,无异味,块形完整,表面光滑,结构紧密,含水量≤13％(含水量最好≤10％,

以更利于长期贮存），具有银耳干品应有的营养成分。其卫生指标应符合 NY/T 834—2004《国家农业行业银耳标准》，具体参见第十章第一节的相关内容。

银耳压缩块的保质期一般在 3 年左右。食用时，可打开包装，取出适量的耳块放入容器中，加适量清水或温水浸泡 20～40 分钟，即可用于烹调。泡发率 10 倍以上，即 10 克压缩银耳可泡发出 100 克以上的湿银耳。泡发后的湿银耳，既可凉拌或做西式沙拉，又可作为中式传统菜肴的主料或配料。

二、冰花银耳的加工

（一）选料漂洗

选取无病害、无虫蛀、色泽白嫩或浅黄的鲜银耳，除去烂耳，剪除耳蒂后备用。若选用干银耳，则应选用当年生产的、无霉斑、无病害、无虫蛀、未经熏硫、色泽乳白或淡黄的原料待用。

鲜银耳可直接放在清水中漂洗；干银耳在漂洗前，应先将其放在清水中浸泡 3～4 小时，待其充分吸水泡发后，用不锈钢尖刀等工具去除耳蒂，再漂洗。漂洗除去杂质后，捞出银耳，切成大小均匀的耳片备用。

（二）硬化处理

将上述处理过的银耳，浸泡在饱和石灰水的上清液中硬化，或浸泡在 0.5％氯化钙溶液中硬化，通常硬化 20～30 分钟。然后捞出，用清水冲干净硬化剂的残留物，沥去水分后备用。

（三）糖液煮制

将硬化处理后的银耳，放入 55％白糖和 0.1％柠檬酸的混合液中,大火煮沸,然后文火熬制 1 小时左右。再加入白糖,用糖度计测其糖度,调节糖液浓度至 60%,继续熬煮,不断翻动,以防止煮煳。当糖液浓度浓缩到 65% 不再下降时,停止熬煮,将银耳捞出沥去糖汁。

(四)上糖衣、包装

糖煮之后,可烘烤制成蜜饯银耳;亦可上糖衣,制成冰花银耳,制法是:将糖煮银耳沥去糖汁,冷却至 60℃～50℃,趁热撒上白砂糖粉(优质白砂糖事先用钢磨磨细,过 80～100 目筛),混合并搅拌均匀,则银耳表面粘着一层白砂糖粉,形状像是冰花,故称之为"冰花银耳"。上糖衣后,即可将银耳称重,用无毒塑料袋进行小包装,密封保存。

(五)质量标准

冰花银耳的质量标准:色泽呈白色或乳白色,形似冰花,朵型大小较一致。含糖量在 65% 以上,含水量 14%～17%。有银耳风味,无异味,无外来杂质。致病菌不得检出。符合国家食品商业卫生标准。

三、蜜饯银耳的加工

(一)银耳预处理

选优质的干银耳,在 70℃～80℃ 的温水中浸泡 30～50 分钟,待耳片充分吸水散开后,用清水漂洗干净,捞起沥干后,用手撕成小朵,晾晒 30 分钟,以利糖渍。

(二)加热糖渍

取湿耳 10 千克,白糖 30 千克,混匀后在锅内加热,控制火候,徐徐搅拌,等糖全部化开成黏稠状时,依次加入柠檬酸 30 克、琼脂 20 克(水浸泡后加热熔解)、香兰素 10 克,待糖分变稠时起锅,糖渍时间为 30～50 分钟。

(三)成品制备

糖煮后,将糖渍银耳放入容器中烘干,或摊放在搪瓷盘内晾干,分开耳片,待配料中的琼脂冷凝后,即可包装。

第十章 银耳产品的质量
标准和质量鉴别

银耳产品的质量标准，主要包括银耳干品的分级标准，以及银耳产品的卫生标准。而银耳干品的分级标准，又有国家标准和传统标准。国家标准是唯一可以依据的标准，而传统标准只能作为参考。本章在银耳干品分级的国家标准之后，也列出了银耳干品分级的传统标准，以供参考。银耳产品的质量鉴别，则重点介绍如何鉴别变质银耳和熏硫银耳。

一、银耳产品的质量标准

（一）银耳干品分级的国家标准

现有可以参照的银耳干品标准，是农业部 2004 年 8 月 25 日发布的 NY/T 834—2004《国家农业行业标准 银耳》(T 表示是推荐性的标准)。该标准适用于代料栽培的银耳干品。其主要内容如下。

1. 范围 本标准规定了银耳的产品分类分级、要求、试验方法、检验规则、标志、标签、包装、运输和贮存。本标准适用于代料栽培的银耳干品。

2. 术语和定义 下列术语和定义适用于本标准。

（1）片状银耳 鲜银耳经削除耳基、剪切、漂洗、浸泡、日晒(增白)和烘干而成片状或连片状的干银耳。

（2）朵型银耳 鲜银耳经削除耳基、漂洗、浸泡、日晒(增白)和烘干而成保持自然朵型且形态较疏松的干银耳。

（3）干整银耳　鲜银耳用日晒或烘干方法进行干燥,保留自然色泽和朵型的干银耳。

（4）拳耳　在阴雨多湿季节,因晾晒或翻晒不及时,致使耳片相互黏裹而形成的状似拳头的银耳。

（5）干湿比（泡松率）　指干银耳与浸泡吸水并滤去余水后湿银耳的质量之比。

（6）一般杂质　附着在银耳产品中的植物性物质（如稻草、秸秆、木屑、棉籽壳等）。

（7）有害杂质　有毒、有害及其他有碍食用安全卫生的物质（如毒菇、虫体、动物毛发和排泄物、金属、玻璃、沙石等）。

3. 产品分类分级　按市场销售方式和加工工艺不同分为:片状银耳、朵型银耳、干整银耳 3 大类。每类分为:特级、一级、二级。

4. 要　求

（1）感官要求

①片状银耳和朵型银耳的感官要求:片状银耳和朵型银耳的感官要求应符合表 10-1 的规定。

表 10-1　片状银耳和朵型银耳的感官要求

项　目	要　求					
	片状银耳			朵型银耳		
级　别	特　级	一　级	二　级	特　级	一　级	二　级
形　状	单片或连片疏松状,带少许耳基			呈自然近圆朵型,耳片疏松,带少许耳基		
色　泽	耳片半透明有光泽			耳片半透明有光泽		
	白	较白	黄	白	较白	黄
气　味	无异味或有微酸味			无异味或有微酸味		

续表 10-1

项　目	要　求					
	片状银耳			朵型银耳		
级　别	特　级	一　级	二　级	特　级	一　级	二　级
碎耳片(%)	≤0.5	≤1.0	≤2.0	≤0.5	≤1.0	≤2.0
拳耳(%)	0		≤0.5	0		≤0.5
一般杂质(%)	0		≤0.5	0		≤0.5
虫蛀耳(%)	0		≤0.5	0		≤0.5
霉变耳	无			无		
有害杂质	无			无		

注：碎耳片指直径≤0.5 毫米的银耳碎片(下同)。

②干整银耳的感官要求：干整银耳的感官要求应符合表 10-2 的规定。

表 10-2　干整银耳的感官要求

项　目	要　求		
	特　级	一　级	二　级
形　状	呈自然近圆朵型，耳片较密实，带有耳基		
色　泽	耳片半透明，耳基呈橙黄色、橙色或污白色		
	乳白色	淡黄色	黄色
气　味	无异味或有微酸味		
碎耳片(%)	≤1.0	≤2.0	≤4.0
一般杂质(%)	0	≤0.5	≤1.0
虫蛀耳(%)	0		≤0.5
霉变耳	无		
有害杂质	无		

（2）理化要求　银耳干品的理化要求应符合表 10-3 的规定。

表 10-3　银耳干品的理化要求

项　目		指　标		
		特　级	一　级	二　级
片状银耳	干湿比	≤1∶8.5	≤1∶8.0	≤1∶7.0
	朵片大小 长×宽（厘米）	≥3.5×1.5	≥3.0×1.2	≥2.0×1.0
朵型银耳	干湿比	≤1∶8.0	≤1∶7.5	≤1∶6.5
	直径（厘米）	≥6.0	≥4.5	≥3.0
干整银耳	干湿比	≤1∶7.5	≤1∶7.0	≤1∶6.0
	直径（厘米）	≥5.0	≥4.0	≥2.5
水分（%）		≤15		
粗蛋白质（%）		≥6.0		
粗纤维（%）		≤5.0		
灰分（%）		≤8.0		

（3）卫生要求　银耳干品的卫生要求符合表 10-4。

表 10-4　银耳干品的卫生要求

项　目	指标（毫克/千克）
砷（以 As 计）	≤1.0
汞（以 Hg 计）	≤0.2
铅（以 Pb 计）	≤2.0
镉（以 Cd 计）	≤0.1
氯氰菊酯	≤0.05

续表 10-4

项　目	指标(毫克/千克)
溴氰菊酯	≤0.01
亚硫酸盐(以 SO_2 计)	≤400

(二)银耳干品分级的传统标准

这些传统的分级标准仅供参考。

1. 段木栽培干银耳的分级标准　见表 10-5。

表 10-5　段木栽培干银耳的分级标准

级　别	指　标
一　级	干足,色白或略带米黄色,肉厚,朵圆,直径在 4 厘米以上;有弹性,韧柔,无耳脚,无板皮,无杂质;泡发后增大 15～20 倍
二　级	干足,色白或带米黄色,略薄,朵圆,直径在 2 厘米以上;略带耳脚,无杂质;泡发后增大 12～15 倍
三　级	干足,色次白或带米黄色,带有斑点,整朵;略带耳脚,无杂质;泡发后增大 10～12 倍
四　级	干足,色黄,略带斑点,整朵,大小不一;带有耳脚,无杂质;泡发后增大 8 倍以上
等　外	干足,无泥沙,无杂质,有较大碎片
碎　片	干足,无泥沙,无杂质

2. 代料栽培干银耳的分级标准　见表 10-6。

表 10-6　代料栽培干银耳的分级标准

级　别	指　标
一　级	干透,色白,无杂质,无蒂头,肉厚朵整,呈圆形,直径在 3 厘米以上
二　级	干透,色白,无杂质,无蒂头,肉厚朵整,呈圆形,直径在 3 厘米以上
三　级	干透,色白略带米黄,肉略薄,无杂质,无蒂头,朵整,呈圆形,直径在 2 厘米以上
四　级	干透,色白带米黄,略有斑点,肉薄,无杂质,无蒂头,朵整,呈圆形,直径在 1.3 厘米以上
等　外	干透,色白带米黄,有斑点,肉薄,略带蒂头(不超过 5%),无杂质,无焦黑,无碎耳,朵型不一,直径在 1.3 厘米以上
碎　片	干透,无杂质

二、银耳产品的质量鉴别

(一)变质银耳的鉴别

1. 变质银耳的形成　在银耳生长过程中,由于高温、高湿、通风不够等不良环境条件,或使用不洁水喷洒耳体等不科学管理方法所致,或鲜耳采收后不及时干燥,或保存不当,都会造成鲜耳腐烂(如烂耳、流耳等)、发黏、霉变等;另外,在遭受淋雨、受潮、霉变的情况下,再次干燥的干银耳,也可能出现霉烂变质的情况。

2. 变质银耳的鉴别

(1)银耳鲜品的鉴别

①正常银耳鲜品的特征　色泽呈白色或略带黄色,半透明;表面光滑,富有弹性,以手捏之,可有白色或黄色的液体渗出;清香,无酸馊味和其他怪味。

②变质银耳鲜品的特征　色泽呈黄褐色、暗绿色,或有褐色的斑块,透明度消失;耳片黏滑,缺乏弹性,用手一戳即破,也可有白色或黄色的液体渗出;蒂头(即根基部)溃烂呈鼻涕状;闻之有酸馊味、霉味等异味。

(2)银耳干品的鉴别

①正常银耳干品的特征　色泽白色或米黄色,蒂头无黑斑或杂质,手感干燥或较干燥,无异味。当然,不同级别、不同形态的银耳干品,感官差异也可能很大,但正常的银耳干品,都应该具有以上的共同特征。

②变质银耳干品的特征　变质后干燥或干燥后又受潮变质的银耳,色泽呈暗黄或焦黄;蒂头不干净,甚至有黑斑;手感发潮发软;闻之有酸霉味或其他异味。

对于银耳干品,还可于食用前,浸泡于水中进行检查。正常银耳浸泡后呈白色或略带黄色,色泽均匀,质地好,而且泡发率很高,一般都在10倍以上;变质银耳浸泡后呈黄色或暗绿色,质地呈腐败状,不成型,有明显的异味,而且泡发率也低。

3. 如何预防银耳中毒　由前可知,预防银耳中毒的关键,是绝对不要食入变质的银耳。

为预防食用变质银耳中毒,培植银耳时必须严格遵守各项操作规程,特别是无菌操作、环境消毒、控制温湿度、通风透气等环节,以防止出现"酵米面黄杆菌"污染鲜银耳并产毒。银耳生产者不要食用变质银耳,也不要乱扔、乱倒变质银耳,以免别人捡拾食用。银耳收获后,要及时晒干或烘干,存放在阴凉、通风、干燥处,妥善保存,减少受潮和污染,以防变质。广大群众(包括银耳生产者、经营者),要广知变质银耳的严重危害,自觉不食变质银耳。对于怀疑有部分变质的干银耳,宜先浸泡在水中发开,除掉变色、失去弹性及明显腐烂的部分,充分漂洗、烹调后方可食用;对于变质很严重的干银耳,宁可将其全部扔掉,也不可贸然食用。

（二）熏硫银耳的鉴别

很多人都知道，用硫磺熏蒸药材或食品，可以起到漂白、增艳、防虫、防腐、防霉等作用。硫磺又分为工业级硫磺和食品级硫磺等多种。目前，只有食品级硫磺可用于榨糖、部分淀粉、部分干果、部分蜜饯等少数食品加工行业，属于食品添加剂中的漂白剂、防腐剂、抗氧化剂，但不能直接加入食品，仅可用于熏蒸，而且国家对其用量以及残留量均有严格的限量指标。

以前，硫磺熏蒸是我国中药材加工、贮存的传统方法之一，但因为硫磺熏蒸的危害太大，所以从2005年起，新版《国家药典》已不再允许使用硫磺（包括食品级硫磺）熏蒸任何中药材。在食品加工领域，除上述少数的食品加工行业允许限量使用食品级硫磺熏蒸外，对于其他绝大多数食品（包括银耳干品）的加工过程，国家都是严禁使用硫磺（包括食品级硫磺）熏蒸的。但是，多年来，还是有不少的不法商贩、商家，以及生产者，受不正当利益之心的驱使，无视人们的生命健康，暗地里加工（而且多是采用工业硫磺熏蒸）熏硫银耳、熏硫菊花、熏硫生姜、熏硫枸杞等有毒食品、有毒药品，严重威胁着人们的身体健康。

不法商贩（商家、包括一些生产者）之所以采用硫磺熏蒸银耳，首先是为了食品的美观，由于硫磺燃烧产生的二氧化硫具有漂白作用，因此用硫磺熏制过的银耳多数色泽更加鲜亮，外观漂亮，而且更容易以次充好、以劣充优；其次为了防虫、防腐、防霉，将银耳保存得更久。但是，这些恶劣、丑陋、违反道德、违反法律的行为，却对广大消费者带来了极大的伤害，因此，是要严加惩罚和杜绝的！

还有不少消费者，因为对银耳不是特别了解，所以多愿意选择"雪白色"的银耳。殊不知，颜色很白的银耳干品，除了少数是优质的银耳干品外（有个别的白色银耳品种，其干品也较白，但不普遍)，大部分都有熏硫的嫌疑。所以，了解一下硫磺熏制银耳的过程、熏硫银耳的严重危害、如何处理熏硫银耳，以及熏硫银耳的鉴别方法，还是有好处的。下面，就介绍一下这方面的常识，以供参考。

1. 硫磺熏制银耳的过程

(1)大批量、长时间熏制银耳的过程　在一些银耳主产地，有的银耳商贩等，是这样暗地里加工熏硫银耳的：先将鲜银耳进行干燥(或是收购别人的干银耳)，再将干银耳摊排于竹制晒帘，置于野外畦床上，用石头垫高离地面 25 厘米，并用竹木条拱插跨在畦床两旁，再用薄膜罩盖。按照每 100 千克的干耳，用硫磺 2 千克左右进行熏蒸。方法：把硫磺盛入盆内或锅内，炭火点燃，然后放于畦床地面，让硫磺燃烧放出的二氧化硫熏透竹帘上的银耳。这样日夜不停地熏制，每天加 1 次硫磺，并每隔 1～2 天揭开盖膜翻动银耳 1 次。熏硫的时间：春末、夏季需 10～14 天，秋季需 15～18 天，冬季、初春需 20～30 天。就是这样，原本发黄的银耳经过连续10～30 天的熏蒸，就变成了色彩鲜亮发白的银耳。可是这却是十分有害于人体健康的产品。

(2)小批量、短时间熏制银耳的过程　有的加工量较少的商贩，采用的方法更简单(当然也是暗地里进行)：先将干银耳放进一个直径 10 余厘米、长度近 50 厘米的长条塑料袋内，系紧袋口后，在塑料袋上再扎几个孔洞。在地上铺一块塑料布，然后将 10～20袋这样的袋装银耳竖放在塑料布上，同时在塑料布上再放几块砖头，然后再用一块塑料布盖上。把硫磺放进锅里加热后，连硫磺带锅放到塑料布内的砖头上，再把塑料布封口。一般当天傍晚到次日凌晨(将近 1 夜的时间)，锅内的硫磺基本燃烧完毕，银耳也就熏制好了。这样熏制后的银耳，有的颜色也可以增白一些，有的颜色仍然是淡黄色的。其熏硫的目的，主要是为了延长贮存时间，包括延长一些劣质或变质银耳的贮存时间。当然，这样的银耳对人体的危害同样是很大的。

上述熏硫所用的硫磺,大都是工业硫磺,所以其危害就更大。

2. 熏硫银耳的严重危害 硫磺熏蒸的银耳虽然外表光鲜,但闻起来会有稍刺激性的气味,吃起来不像正常的银耳那样可口,银耳的营养价值也被破坏。更令人心惊的是,这种熏硫银耳还会对人体造成严重危害。大家知道,硫磺燃烧后主要生成二氧化硫,二氧化硫遇水则形成亚硫酸盐,亚硫酸盐会引发支气管痉挛等呼吸系统疾病。这样,银耳用硫磺熏蒸以后,大量的二氧化硫会直接吸附在银耳当中。当人们食用了熏硫银耳,残留在银耳中的二氧化硫及其衍生物,就会被人体吸收,从而对呼吸道、气管等呼吸系统造成刺激,使人患慢性鼻炎、咽炎、支气管炎,甚至支气管哮喘、肺气肿等。经常吃熏硫银耳,还会危害消化系统,导致呕吐、腹泻、恶心等症状,严重的甚至会危害人的肝脏、肾脏,更严重的还可致癌。另一方面,在熏硫过程中,硫磺中所含的少量的砷及砷的氧化物也会渗入银耳中,这些同样会对人体产生严重伤害。

3. 误买熏硫银耳后的处理措施 误买了熏硫的银耳干品后,由于二氧化硫易溶于水,所以食用前可以先将银耳干品浸泡3～5小时,期间每隔1小时换1次水。烧煮时,应将银耳煮至浓稠状。一般而言,经过浸泡、洗涤、烧煮之后,可以大大减少、甚至完全消除银耳中残留的二氧化硫。

若采用质量较次但还没有变质的银耳来熏硫,虽说危害也很大,但如上所述,采用我们所说的补救处理措施,也还能最大限度地减少熏硫银耳的危害。但是,还有少数的黑心商贩(商家),实际上是将变质后发黄发黑的银耳再用硫磺熏制加工的,如前所述,这样变质后又熏硫的银耳那可是万万不可食用的,必须坚决丢弃,不然对人体带来的危害可能就是致命的!

除了用硫磺熏制银耳外,还有不少黑心商贩(商家)会选择使用脱色剂、定型剂和增光剂等,对银耳进行后期加工。比如采用脱色剂,就是将银耳放入水池子里泡开之后,加入脱色剂,脱色之后再烘干,所以这些对人体健康的损害同样是很大的。

因此,消费者在选购银耳时一定要多留意,绝不要仅被"白色银耳"漂亮的外表所迷惑,毕竟人的健康和生命才是最重要的。

对于各类大型超市、商场等部门来说,在采购银耳货源时,也应进行相关的质量检测,以切实保证消费者食用安全。

4. 熏硫银耳的鉴别　为避免买到熏硫银耳,消费者在选购银耳时,要做到"一看、二闻、三尝"。

(1)看　就是要看食品的外观。如前所述,正常银耳干品的本色应是很自然的淡黄色或白色,根部的颜色略深。如果银耳的颜色很白,就要小心了。所以,千万不要购买"太雪白"、"太漂亮"的银耳干品。但是,这些颜色鉴别方法,只能作为一个重要的参考依据,而不是绝对的判别标准,因为如上所述,有不少优质银耳(尤其是白色品种)干品,其颜色也是白色的;而一些熏硫的(尤其是短时间熏硫的)劣质银耳干品,其颜色也是淡黄色甚至是深黄色的,所以还要重点结合下述的"闻"、"尝"等鉴别方法,综合判断,才能得出正确的结论。

(2)闻　将银耳的包装塑料袋开一个小孔,闻闻其中的气味。正常银耳的气味,应具有淡淡的自然芳香,而没有别的怪味;若是闻有异味、酸味或刺激性的硫磺味,则很可能是硫磺熏制的银耳。也可以隔着塑料袋去闻,因为塑料袋很薄,故银耳若有刺激性气味,多数情况下隔着塑料袋也能闻到。

(3)尝　银耳本身应无味道,取一片银耳干品放入口中咀嚼,如果舌头感觉明显有(或稍有)刺激味、辣味等,则很可能是用硫磺熏蒸过的。

如果经过初步鉴别后,确认或有极大怀疑是熏硫银耳,建议消费者不要购买,同时可向当地工商部门举报。

附　录

一、照度与灯光容量对照表

照　度 （勒）	白炽灯单位容量 （瓦/米²）	20米²栽培室灯光布置（瓦）	
		白炽灯	日光灯
1～5	1.0～4.0	25～80	10～30
5～10	4.0～6.0	80～120	30～40
15	5.0～7.0	100～140	35～50
20	6.0～8.0	120～160	40～60
30	8.0～12	160～240	60～80
45～50	10～15	200～300	70～100
50～100	15～25	300～500	100～160

注:此表所示数据,是指在室内环境完全黑暗的情况下,用灯光作光源时的光照度。

二、高压灭菌锅中冷空气排除
程度与温度的关系

压 力		温 度(℃)				
千 帕	千克/ 厘米²	冷空气 全排	冷空气 排 2/3	冷空气 排 1/2	冷空气 排 1/3	冷空气 未排
34.3	0.35	109	100	94	90	72
68.6	0.70	115	109	105	100	90
103.0	1.05	121	115	112	109	100
138.3	1.41	126	121	118	115	109
172.6	1.76	130	126	124	121	115
207.0	2.11	135	130	128	126	121

注:帕为压力的法定计量单位,1千克/厘米²=98.0665千帕=0.098兆帕。